Hartmetall im Bergbau

beim Bohren, Schrämen und Hobeln

Von

Dipl.-Ing. Klaus Hinrichs

Herne/Westfalen

Mit 104 Abbildungen

Springer-Verlag Berlin Heidelberg GmbH
1956

ISBN 978-3-662-11993-8   ISBN 978-3-662-11992-1 (eBook)
DOI 10.1007/978-3-662-11992-1

Vorwort.

Dieses Buch ist bei der Vorbereitungsarbeit für den Unterricht an der Bochumer Bergschule entstanden und enthält neben Angaben aus der Literatur eigene Erfahrungen. Wenn hier über die Verwendung von Hartmetall im Bergbau gesprochen wird, so handelt es sich nur um ein begrenztes, wenn auch nicht unbedeutendes Anwendungsgebiet dieses Werkstoffes. Das Buch will sich hauptsächlich an den Praktiker wenden, der mit Hartmetall-Werkzeugen im Betrieb zu tun bekommt, darüberhinaus aber auch an den Fachmann, der sich in dieses Gebiet vertiefen will. Zu dem Zweck ist besonderer Wert auf die Angabe von allgemein zugänglichen Literaturstellen gelegt worden, die in großer Anzahl vorhanden sind und Einzelerfahrungen bekanntgeben. Es ist bereits sehr viel über Anwendungen von Hartmetall im Bergbau geschrieben worden, doch fehlt es an einer Zusammenfassung, die in dem vorliegenden Buch versucht wird. Die Arbeit wendet sich an den deutschen Leser; infolgedessen sind auch nur die deutschsprachlichen Veröffentlichungen angezogen worden.

Dem Thema entsprechend wird nicht auf die Herstellung von Hartmetallen eingegangen und auf die Eigenschaften auch nur, soweit als es das betreffende Anwendungsgebiet erfordert. Darüber existieren gute Fachbücher, von denen hier diejenigen von KIEFFER und HOTOP [1] sowie DAWIHL und DINGLINGER [2] genannt seien. Auch in einem Fachaufsatz in der Zeitschrift „Glückauf" schildert ODENHAUSEN [3] die Herstellung und die physikalischen Eigenschaften der Hartmetalle. Das Buch will vielmehr Hinweise geben über den Umgang mit Hartmetall-Werkzeugen und ihre richtige Behandlung, damit das teuere Material wirtschaftlich ausgenutzt werden kann. Es wird auch von der Selbstherstellung von Werkzeugen abgeraten, da dazu neben großer Erfahrung Spezialeinrichtungen gehören, die in Zechenwerkstätten meistens nicht vorhanden sind.

Dem Verfasser ist es ein Bedürfnis, auch an dieser Stelle den Firmen zu danken, die Abbildungen für das Buch zur Verfügung stellten. Der Leser wird gebeten, Anregungen, die der Vervollständigung des Buches dienen können, an den Verlag zu geben.

Herne/Westf., im Juli 1955.

K. Hinrichs.

Inhaltsverzeichnis.

A. Eigenschaften und Aufbau von Hartmetallen.

Hartmetalle haben, wie ihr Name sagt, vor allem die Eigenschaft sehr hart und verschleißfest zu sein. Man erreicht diese Eigenschaft dadurch, daß man das Metall Wolfram mit Kohlenstoff chemisch zu Wolframkarbid verbindet. Diese Verbindung hat fast die Härte von Diamant, der bekanntlich das härteste in der Natur vorkommende Mineral darstellt. Andererseits ist Wolframkarbid spröde und würde bei Beanspruchungen durch Biegung und Schlag zerbrechen. Daher wird Wolframkarbid als Härteträger in feinste Körnchen zermahlen und dann mit dem Metall Kobalt oder Titan zusammengeschmolzen. Diesen Vorgang nennt man „sintern", die so entstandenen Metalle: „Sintermetalle". Diese Metalle lassen sich mit einem Körper vergleichen, dessen hartes Knochengerüst aus Wolframkarbid und dessen umgebendes weiches Fleisch aus Kobalt besteht. Dadurch, daß man mehr oder weniger Kobalt hinzunimmt, lassen sich härtere oder weichere Metalle herstellen, die dann je nach dem gewünschten Zweck größere oder kleinere Zähigkeit haben.

Hartmetalle enthalten also keinerlei Eisen oder Stahl und bilden einen Werkstoff für sich. Es gibt verschiedene Herstellerfirmen dieses Materials, die ihren Hartmetallen Reklamenamen geben, wie z. B. Widia, Titanit, Böhlerit. In dem Namen wird also entweder auf die Härte hingewiesen, wie bei Widia: so hart wie Diamant, oder Titanit, das auf die Zusammensetzung mit dem Metall Titan hinweist, oder Böhlerit, das den Namen der herstellenden Firma verwendet. Der Sammelname für alle diese Werkstoffe ist aber „Hartmetall".

Außer großer Härte und Verschleißfestigkeit ist Hartmetall auch sehr warmfest. Es läßt sich nicht schmelzen, wie Stahl oder Eisen, sondern behält auch bei Temperaturen von 500 und 600° C noch seine volle Härte. Infolgedessen kann man Hartmetall auch nicht durch Schmieden verformen, sondern lediglich in kleinem Umfang durch Schleifen. Hartmetall ist teuer und wird deswegen in Plättchenform geliefert, wobei nur die Stellen, z. B. an Werkzeugen, mit Hartmetall besetzt werden, die einem Verschleiß ausgesetzt sind. Die Plättchen werden durch Löten mit dem Träger, der meistens aus Stahl besteht, verbunden.

Außer den Sinterhartmetallen gibt es auch gegossene Hartmetalle, die aus reinem Wolframkarbid bestehen oder echte Metall-Legierungen

sind. Im letzteren Falle verzichtet man auf die sehr große Härte des
Wolframkarbids und verwendet nur die reinen Schwermetalle wie Wolfram, Kobalt, Chrom und ähnliche, die man zur Erzielung bestimmter und
gewünschter Eigenschaften in verschiedener Zusammensetzung legiert.
Solche Hartlegierungen werden mit der Schweißflamme flüssig gemacht
und auf den Stahlträger aufgetropft. Diesen Vorgang nennt man wegen
der Härte und Festigkeit der erzielten Auftragsschicht „panzern". Auch
diese harte Schicht läßt sich nur durch Schleifen weiterbearbeiten.

B. Hartmetall im Bergbau.

Überblick.

Die wichtigsten Gruppen des deutschen Bergbaus sind Steinkohlen-
und Braunkohlenbergbau, Erzbergbau, Salzbergbau und Erdölgewinnung. Im weiteren Sinne wird auch die Gewinnung von Steinen im
Steinbruch oder unter Tage zum Bergbau gezählt. Auf allen diesen Gebieten wird im großen Umfang Hartmetall zum Aufschluß der Lagerstätten oder bei der Gewinnung verwendet. Im einzelnen muß der Bergmann bei der Aus- und Vorrichtung seiner Grubenbaue im Gestein
Schächte abteufen und Strecken vortreiben und bedient sich dazu der
Sprengarbeit, wobei Bohrlöcher hergestellt werden. Je nach der Gesteinshärte benutzt er zu diesem Zweck das schlagende oder das drehende Bohrverfahren. Auch die eigentliche Gewinnung von Mineralien gestattet in
weitem Maße die Anwendung der Schießarbeit. Das ist insbesondere bei
der Gewinnung von Salz, Erzen und Gesteinen der Fall. Schlag- und
Drehbohrschneiden sind mit Hartmetall besetzt.

Lediglich in der Steinkohle ist wegen der Möglichkeit von Schlagwetter-Explosionen das Schießen häufig verboten. Hier wird dann vielfach das Lösen der Kohle durch Schrämen vorbereitet. Die Schrämmeißel sind ebenfalls Hartmetall-Werkzeuge. Auch Schürfbohrungen
und Erdölbohrlöcher werden mit hartmetallbesetzten Werkzeugen hergestellt. Will man also die Anwendung von Hartmetall im Bergbau betrachten, so ist eine Einteilung nach Werkzeugen für das schlagende
Bohren, das drehende Bohren und das Schrämen zweckmäßig. Gegossene
Hartmetalle und Hartlegierungen werden im Bergbau vor allem beim
Besatz von Kohlenhobelmeißeln und von Rollenbohrern für Großlochbohrungen verwendet, die am Schluß betrachtet werden sollen. In der
vorliegenden Arbeit sollen Fragen, die mehrere dieser Gebiete berühren,
wie Eigenschaften der Hartmetalle, Nachschleifen, Härte des Gesteins
oder Minerals, Kostenermittlungen u. dgl. bei dem Abschnitt Schlagbohren behandelt werden.

I. Schlagendes Bohren.

1. Die Bedeutung des Hartmetalls.

Die Bedeutung des Hartmetalles für das schlagende Bohren liegt vor allem in der Wirtschaftlichkeit gegenüber dem Bohren mit Stahlschneiden begründet. Die Einführung des Hartmetalls zu diesem Zweck hat aber auch zur Arbeitserleichterung für den Berg- und Steinbrucharbeiter geführt und die Möglichkeiten verbessert, den Kampf gegen Unfallgefahren und Berufskrankheiten, z. B. gegen die Staublungenerkrankung, zu führen.

Mit Hartmetall besetzte Schlagbohrer standen bei ihrer Einführung in Konkurrenz zu den Bohrern mit angeschmiedeten Stahlschneiden. Für den Erfolg war die große Standfestigkeit der Hartmetall-Schneiden ausschlaggebend, die im Durchschnitt den fünfzehnfachen Wert gegenüber richtig gehärteten Stahlschneiden hat. Aus der größeren Schneidhaltigkeit der Hartmetall-Bohrer, ausgedrückt in Meter Bohrlochlänge bis zum Nachschleifen, ergibt sich eine Reihe von Vorteilen. Es gelingt mit einer Schneide gleichen Durchmessers je nach der Gesteinshärte ein oder mehrere Bohrlöcher herzustellen. Stahlschneiden werden bereits nach geringer Bohrtiefe stumpf und müssen gegen neue geschärfte Bohrer ausgetauscht werden. Der abgenutzte Bohrer hat dabei auch an Kaliber verloren, so daß der nachgeführte Bohrer eine im Durchmesser kleinere Schneide haben muß. In harten Gesteinen geht das so weit, daß für jedes Bohrloch ein ganzer Satz Bohrer verbraucht wird. Um im Tiefsten des Bohrloches noch einen genügenden Durchmesser zur Einführung der Sprengpatrone zu haben, muß man also mit großem Lochdurchmesser beginnen. Große Lochdurchmesser und schnell stumpf werdende Schneiden führen zu geringer Bohrgeschwindigkeit. Dies aber bedeutet lange Bohrzeit und damit hohe Lohn- und Preßluftkosten. Erhöht werden die Bohrkosten durch zusätzliche Nebenzeiten für häufigen Bohrerwechsel. Demgegenüber ist also der Zeit- und Geld-Aufwand beim Bohren mit Hartmetall-Schneiden wesentlich kleiner.

Weitere Ersparnisse sind beim Nachschärfen möglich. Während Stahlschneiden durch Schmieden und Härten aufgearbeitet werden müssen, ist das Nachschleifen der Hartmetall-Bohrkronen schneller und billiger möglich. Da weiterhin nicht so viele Bohrer wie bei angeschmiedeten Schneiden stumpf werden, sind beim Hartmetall-Bohren auch Transportkosten einzusparen, die bei den oft langen Förderwegen in Zechen eine nicht unerhebliche Rolle spielen. Schließlich ergeben sich geringere Kosten für Sprengstoffe und Sonderbewetterung.

Allen diesen Vorteilen steht als einziger Nachteil der höhere Anschaffungspreis des mit Hartmetall besetzten Schlagbohrers gegenüber. Doch läßt sich in den meisten Fällen ein wirtschaftlicher Vorteil des Hartmetallbohrens nachweisen; ganz abgesehen von sonstigen Vorteilen, wie Beschleunigung der Arbeit, Freimachung von qualifizierten Arbeitern für rein produktive Arbeiten und Schonung der Belegschaft. Welche Bedeutung die Zeitersparnis beim Bohren hat, geht aus der Abb. 1 hervor, in der als Mittelwerte die Ergebnisse von Zeitstudien in mehreren Strecken-vortriebs-Betrieben des Ruhrkohlenbergbaus dargestellt sind, in denen mit Stahlschneiden gebohrt und das Haufwerk von Hand geladen wurde. 30% der Gesamtzeit mußten für das Bohren aufgewandt werden, so daß hier eine Verkürzung der Zeit besonders lohnend erscheint. Sie ist in großem Umfang möglich, weil durch Einführung des Hartmetallbohrens sowohl die reine Bohrzeit als auch die Nebenzeiten verkürzt werden können.

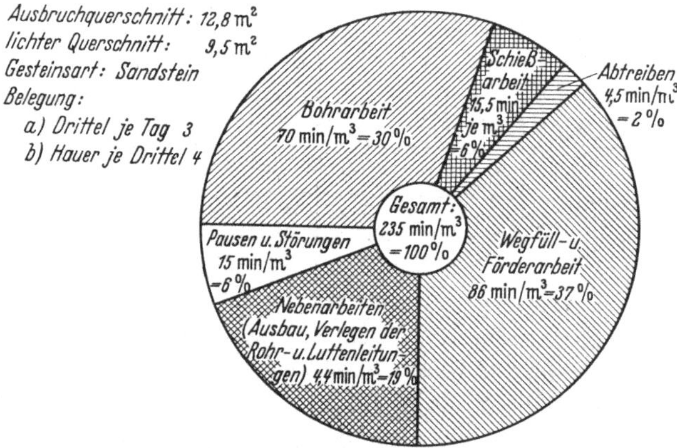

Abb. 1. Aufteilung der Arbeit beim Streckenvortrieb.

Solche Ersparnisse werden bedeutsam, wenn man den Umfang der Bohrarbeit in Gestein betrachtet. RAUSCHENBACH [4] teilt mit, daß im Jahre 1940 allein in den Zechen des Ruhrgebietes etwa 500 km an Richtstrecken, Haupt- und Ortsquerschlägen aufgefahren worden sind. Das entspricht ungefähr 800 Gesteinsbetriebspunkten, die größtenteils mit Hartmetall-Schlagbohrern ausgerüstet sind. Auch ZEPPERNICK [5] berechnet für das Jahr 1949, daß im Ruhrgebiet rd. 6,6 Millionen Bohrmeter geleistet worden sind. Er schätzt den Anteil des Sandsteins mit 30% und den des Sandschiefers mit 20%, in denen mit Sicherheit das Bohren mit Hartmetall wirtschaftliche Vorteile bringt. Der Rest von 50% besteht aus weicherem Tonschiefer. Durch Verwendung von Hartmetall sind 50% Minderaufwand an reiner Bohrzeit und 57% Minderaufwand an Preßluft zu erreichen. Für das Jahr 1953 berechnet RAUSCHENBACH [6], daß im Ruhrbergbau 1200 km Strecke aufgefahren wurden, wofür rd. 50 Mill. Meter Bohrloch hergestellt werden mußten.

Aus diesen Zahlen ist zu ersehen, daß der Bergbau ein Großverbraucher von Hartmetall ist. Dabei sind die Zahlen für Erz- und Salzbergbau sowie für Steinbruch und Tiefbau noch gar nicht eingerechnet. In diesem Zusammenhang ist die Statistik eines bedeutenden Werkes der Hartmetall-Herstellung interessant. Es geht daraus hervor, daß der Anteil der Werkzeuge für den Bergbau, wie Schlagbohrer, Drehbohrer und Schrämmeißel, denselben Umfang hat wie der für Werkzeuge der spanabhebenden Metallbearbeitung. Bei den Bergbauwerkzeugen wiederum umfassen die Schlagbohrer etwa $2/3$ der Gesamtfertigung.

2. Geschichtliches.

Es lag nahe, die guten Erfahrungen, die mit Sinterhartmetallen in Ziehwerkzeugen und auf Drehstählen gemacht worden waren, auf die Bearbeitung von Mineralien zu übertragen. Interessanterweise wurde das Hartmetall zum Gesteinsbohren zunächst in Steinbrüchen eingeführt, weil hier wirtschaftliche Vorteile gegenüber dem Bohren mit angeschmiedeten Stahlschneiden besonders leicht zu erreichen waren. In Steinbrüchen mit vorwiegend Hartgesteinen werden für die Gewinnung Bohrlöcher von 6···10 m Tiefe gebraucht, die am Anfang sehr große Durchmesser von 80···100 mm haben mußten. Hier machte sich nach Einführung des Hartmetalls die Ersparnis an Lohn-, Luft- und Schärfkosten besonders deutlich bemerkbar, so daß Hartmetall-Schneiden schon nach verhältnismäßig kurzer Lebensdauer Kostengleichheit erzielten.

Im Anfang war es nicht leicht, von seiten der Hersteller von Schlagbohrern die Schwierigkeiten zu überwinden, die durch die hohe Beanspruchung des Hartmetalls und der Einlötung auftraten. Es mußten neue Hartmetall-Sorten entwickelt und neue Lötmethoden gefunden werden. Auch wurde die Beanspruchung durch die Schlagbohrmaschinen herabgesetzt, indem anfänglich nur mit leichten Bohrhämmern und niedrigen Preßluftdrücken gearbeitet wurde. Die erste Druckschrift, die Hartmetall-Schlagbohrer zum Verkauf anbietet, stammt aus dem Jahre 1932. Die Entwicklungsarbeiten sowohl bei den Firmen, die das Hartmetall herstellten, als auch bei solchen Firmen, die fremdbezogenes Hartmetall zu Schlagbohrern verarbeiteten, haben noch bis in die Jahre 1938 bis 1942 hinein gedauert. Erst seit dieser Zeit kann man von einer befriedigenden Qualität von Schlagbohrern reden, ohne daß damit die Entwicklung bereits gänzlich abgeschlossen wäre.

Die Einführung des schlagenden Hartmetall-Bohrens ging von Deutschland aus. Zunächst versuchte man, die aus Amerika bekannte Methode zu verbessern, bei der lösbare — Jackbits genannte — Stahlbohrkronen mit Bohrstangen zusammengeschraubt werden. Eine Verbesserung war durch Besetzen der aufgeschraubten Bohrkronen mit Hartmetall-Plättchen möglich. Es zeigte sich jedoch, daß bei der stark vergrößerten Lebensdauer der neuen Bohrkronen die Gewindeverbindung

nicht so lange hielt wie die Hartmetall-Einsätze. Abb. 2 zeigt verschiedene
Arten von Verbindungsmöglichkeiten zwischen Hartmetall-Schneiden
und Bohrstangen im Schnitt, wobei als Beispiel Kreuzschneiden verwandt
worden sind. Von links nach rechts ist in den ersten drei Schnitten die
Entwicklung der Gewindeform dargestellt, die vom eingeschnittenen
zylindrischen Gewinde über Gewindezapfen mit Bund zum konischen
Gewinde geht. Als Gewindeform wurden Sägen- oder Rundgewinde be-

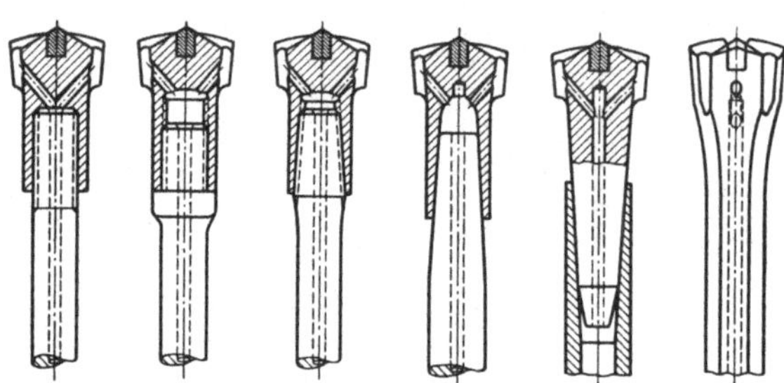

Abb. 2. Verbindungen zwischen Hartmetall-Bohrkrone und Bohrstange.

nutzt. Gewinde wird heute nur noch für Sonderzwecke verwendet, wäh-
rend die Verbindung durch glatten Konus, wie sie im dritten und vierten
Schnitt dargestellt ist, sich allgemein durchgesetzt hat. Dabei werden die
Bohrkronen entweder auf eine Bohrstange mit Außenkonus aufgesteckt
oder in ein Bohrrohr mit Innenkonus eingesteckt. Die letzte Ansicht der
Abb. 2 zeigt die neueste Entwicklung einer Bohrstange mit unmittelbar
eingelöteter Schneide, wie sie auch im europäischen Ausland, vor allen
Dingen in Schweden, in großem Umfang hergestellt werden. Stangen mit

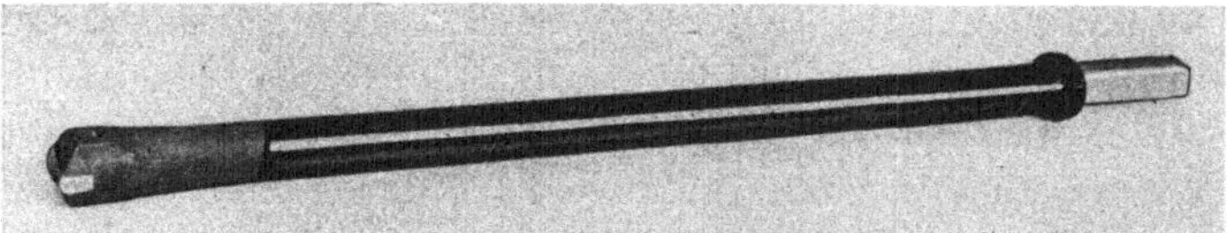

Abb. 3. Knäpperbohrer mit direkt eingelöteter Hartmetall-Schneide
(Werkfoto Wallram).

direkt eingelöteten Schneiden, die im Steinbruch als Knäpperbohrer
(Abb. 3) und im ausländischen Bergbau als Monoblocs bezeichnet werden, sind allerdings in der deutschen Entwicklung schon 1932 ausprobiert
worden, doch hat man diese Form bald verlassen, um erst jetzt wieder
darauf zurückzukommen.

Wie bereits erwähnt, hat das englisch-sprechende Ausland schon seit
langer Zeit lösbare Stahlbohrkronen beim Schlagbohren verwendet, wo-
mit Vorteile beim Transport und beim Nachschärfen erreichbar waren.
Die großen deutschen Erfolge mit Hartmetall veranlaßten dann diese

Länder unmittelbar nach dem letzten Kriege ebenfalls dazu ihre Jackbits mit Hartmetall-Plättchen zu besetzen. Nur versuchte man hier weiterhin mit den üblichen schweren Hammerbohrmaschinen zu arbeiten, deren harte Schläge das Hartmetall außerordentlich beanspruchen. Diese schweren Maschinen sind auf besondere Bohrwagen montiert, um die Rüstzeiten verkürzen zu können. Die neuere Entwicklung in diesen Ländern geht dahin, von den überschweren Hammerbohrmaschinen auf mittelschwere Bohrhämmer zurückzugehen, während inzwischen in Deutschland die ursprünglich benutzten leichten Bohrhämmer ebenfalls durch mittelschwere mit entsprechend größerer Leistung ersetzt worden sind. Es scheint sich also eine Angleichung durchzusetzen, wobei zu berücksichtigen ist, daß die Entwicklung noch in vollem Fluß ist.

3. Das Bohrgerät.

Es ist nicht richtig, bei der Verwendung von Hartmetall-Schlagbohrern nur die Stahlschneide durch eine mit Hartmetall besetzte Bohrkrone zu ersetzen. Besser ist es, von einem gänzlich neuen Bohrverfahren zu sprechen, da auch die übrigen Teile des Bohrgerätes sich den Eigenschaften des Hartmetalls für diesen Verwendungszweck anpassen müssen. Es sind seit der Einführung des schlagenden Hartmetall-Bohrens auch die Bohrstangen sowie die Bohrhämmer mit ihren Haltevorrichtungen weitgehend verändert worden. Abb. 4 zeigt den Einsatz eines Bohrhammers unter Tage, wie er im deutschen Bergbau üblich ist. Der Bohrhammer ist verhältnismäßig leicht. Sein Gewicht bewegt sich in der Größenordnung von 20···25 kg.

Abb. 4. Bohrhammer mit Preßluftstütze im Untertage-Einsatz (Werkfoto Flottmann).

Er wird durch eine mit Preßluft beaufschlagte Stütze gehalten, die nicht nur das Hammergewicht trägt, sondern auch den Andruck besorgt. Die Entfernung des im Bohrloch entstehenden Bohrkleins geschieht durch Spülwasser, das durch einen Spülkopf dem Hohlbohrer zugeführt wird und die Schneide kühlt. Die Wasserspülung dient gleichzeitig dazu, den Bohrstaub zu binden und aus der Atemluft fernzuhalten. Damit wird der im Bergbau vor Einführung der Wasserspülung weit verbreiteten Silikoseerkrankung vorgebeugt. Wasserspülung ist vorgeschrieben; ihre Einführung machte Schwierigkeiten, solange mit Stahlschneiden gebohrt werden mußte. Es bildete sich aus Spülwasser und Bohrmehl eine Art Schmirgelpaste, die zu sehr schnellem Verschleiß der Stahlschneiden führte. Erst nachdem durch Hartmetall-Schneiden der Verschleiß stark herabgesetzt werden konnte, machte auch die Wasserspülung keine Schwierigkeiten mehr. Man kann also feststellen, daß das Hartmetall auch dazu dient, die Gesundheit des Bergarbeiters zu erhalten.

Bohrstangen für Bohrhämmer sind im DIN-Blatt 20377 genormt. Vor allem sind dort die Profile und die Einsteckenden, die in den Bohrhammer eingeführt werden, in ihren Maßen festgelegt. Aber auch die Befestigung zwischen Bohrkrone und Bohrstange ist in einem Normblatt aufgenommen worden, und zwar in DIN 20378. Genormt ist die Verbindung durch glatten Konus mit der Steigung 1 : 12, wobei die Bohrstange einen Außenkegel und die Bohrkrone einen Innenkonus aufweist.

a) Formen der Schlagbohrer, *Normalformen.* Die Bohrkronen selbst sind nicht genormt; es haben sich jedoch trotz einer großen Anzahl von Herstellern nur wenige Formen

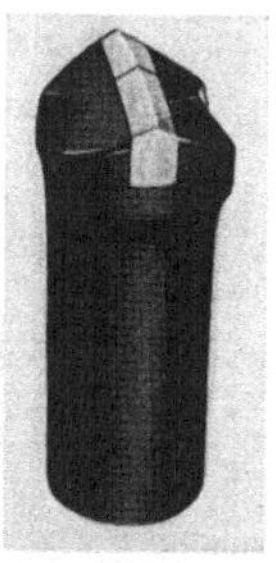

Abb. 5. Bohrkrone mit Einfachmeißelschneide und Innenkonus (Werkfoto Wallram).

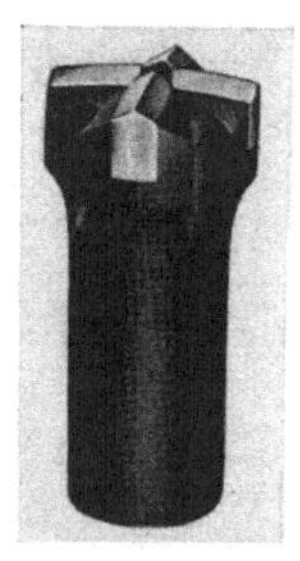

Abb. 6. Bohrkrone mit Kreuzschneide und Innenkonus (Werkfoto Wallram).

men durchgesetzt, die man als Standardformen bezeichnen kann. Abb. 5 und 6 zeigen Bohrkronen, die innen einen glatten Konus haben und auf Bohrstangen mit Außenkonus aufgesteckt werden können. Sie haben Einfachmeißel- und Kreuzschneiden. Schneidenträger sind Hartmetall-Plättchen, die in den Stahlschaft der Bohrkrone eingelötet werden. Die Plättchen haben eine Dicke von 6···8 mm. Eine zu geringe Dicke führt zu schnellem Seitenverschleiß und vorzeitigem Bruch des Hartmetalls. Zu große Dicke bedingt großes Gewicht und hohen Preis.

Die Schneiden sind gewölbt. Damit sind sie beim Bohren, insbesondere beim Anbohren, besser geführt und gegen Bruch geschützt. Als Anhalt kann man nehmen, daß bei Kronen kleinen Durchmessers der Wölbungsradius etwa 2···2,5 mal, bei größeren Kronen etwa 1,5···2 mal so groß wie der Außendurchmesser sein soll. Damit Biegebeanspruchungen von den spröden Hartmetall-Plättchen ferngehalten werden, ist möglichst viel Stahl seitlich der Plättchen als Stütze vorgesehen. Andererseits muß zwischen Bohrlochwand und Schaftmaterial möglichst viel freier Raum für die Zurückführung des losgeschlagenen Bohrkleins offenbleiben. Die

Bohrmehlabführungsrillen sind deswegen bei der Einfachmeißelschneide sehr groß, ohne daß die gute Rundführung der Krone im Bohrloch leidet. Auch bei der Kreuzschneide will man für eine gute Rundführung sorgen. Damit bleibt allerdings weniger Platz für die Bohrmehlabführungsrillen. Da hier jedoch 4 solcher Rillen vorhanden sind und diese tief eingeschnitten werden, ist genügend Raum vorhanden. Es kommt hinzu, daß Kreuzschneiden vorwiegend in sehr hartem Gestein eingesetzt werden, in dem der Bohrfortschritt in cm/min nicht sehr groß ist, so daß auch der Anfall von Bohrklein in der Zeiteinheit verhältnismäßig gering ist.

Das Spülwasser wird aus dem Hohlbohrer in die Bohrkrone geleitet und soll das entstehende Bohrmehl möglichst sofort von der Schneide

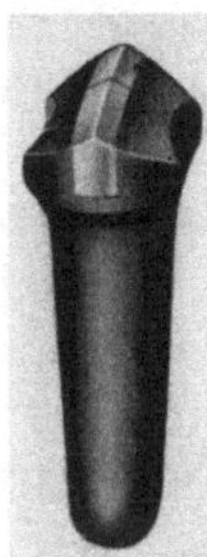

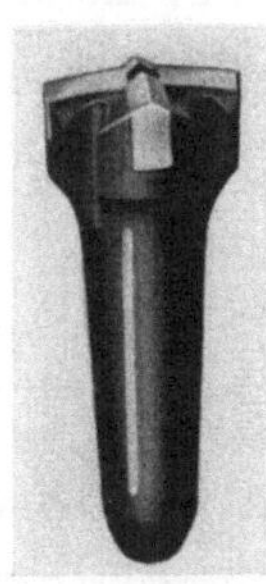

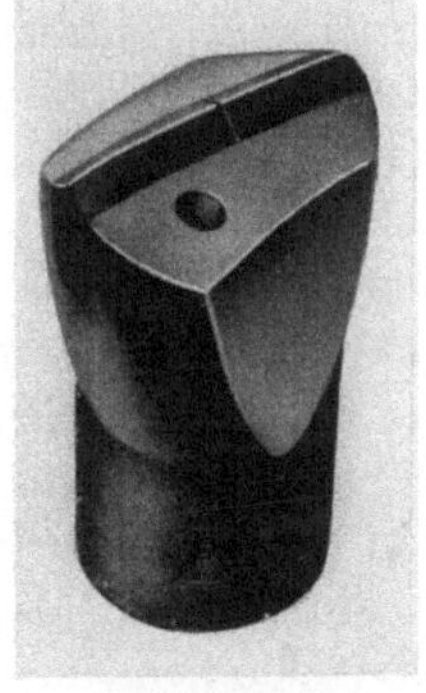

Abb. 7. Bohrkrone mit Einfachmeißelschneide und Außenkonus (Werkfoto Wallram).

Abb. 8. Bohrkrone mit Kreuzschneide und Außenkonus (Werkfoto Wallram).

Abb. 9. Bohrkrone mit Einfachmeißelschneide und Innenkonus (Werkfoto Widia-Fabrik).

wegtransportieren, damit es nicht immer wieder von den Schneiden erfaßt und unnötig zerkleinert wird. Bei der Einfachmeißelschneide werden daher vielfach 2 Austrittsöffnungen vorgesehen, wie aus der Abbildung ersichtlich ist. Sie sollen möglichst in der Nähe der Schneide liegen. Das ist bei der Kreuzschneide besonders günstig gelöst, da hier das Spülwasser zentral nach vorn heraustreten kann, während an dieser Stelle keine Schneide vorhanden ist. Das ist auch nicht nötig, da das Gestein in der Mitte von selbst wegbricht. Bohrkronen der vorbezeichneten Art werden von den meisten Fabriken für Schlagbohrer hergestellt. Zu diesen gehören beispielsweise Demag-Duisburg, Flottmann-Herne, Wallram-Essen und Widia-Essen.

Abb. 7 und 8 zeigen grundsätzlich dieselben Schneidenformen, nur sind diese Bohrkronen nicht haubenförmig ausgebildet, sondern tragen an einem ziemlich langen Bolzen einen Außenkonus, der in das Innere eines Bohrrohres eingeführt wird und dabei durch Reibung festgehalten wird. Auch diese Kronen sind durchbohrt, um das Spülwasser an die Schneide leiten zu können. Derartige Kronen werden von der Fa. Wallram-Essen hergestellt.

Eine etwas andere Ausführung einer Einfachmeißelschneide zeigt die Abb. 9 der Widia-Fabrik. An Unterschieden fällt auf, daß nicht eine hohle Bohrmehlabführungsrille vorgesehen ist, sondern daß durch einfaches Anschleifen von Flächen Segmente zwischen Bohrkrone und Bohrlochwand entstehen, die die Abfuhr von Bohrklein gestatten. Das Hartmetall ist nicht eben, sondern mit einer kreisrunden Fläche im Grund des Schlitzes aufgelegt. Der Schlitz selbst ist im Winkel zur Stirnfläche eingefräst, wodurch Platz für den Austritt des Spülloches geschaffen wird.

Allen Hartmetall-Schneiden ist gemeinsam, daß sie einen verhältnismäßig stumpfen Schneidenwinkel zeigen. Dieser beträgt im Durchschnitt 110°, während früher bei angeschmiedeten Stahlschneiden 75···90° üblich waren. Der stumpfe Winkel beim Hartmetall verringert die Beanspruchung. Zwar ist die Kerbwirkung im Gestein nicht so groß, doch wird das durch die vielfach größere Standzeit des Hartmetalls bis zum Stumpfwerden bei weitem wieder ausgeglichen. Je nach der Gesteinshärte kann man den Winkel auch noch variieren, wobei in weicheren Gesteinen Schneidenwinkel von 100 und 105° vorkommen, während man in sehr harten Gesteinen auch auf Schneidenwinkel von 115, ja sogar 120° geht. Der Grund liegt darin, daß die Schneide nicht so sehr in das Gestein eindringen und es seitlich wegdrücken soll, sondern daß eine Schneide mit stumpfen Winkel das darunter liegende Material zertrümmert. Daher kommt es auch, daß man mit weitgehend abgestumpften Hartmetall-Schneiden nennenswerte Bohrgeschwindigkeiten erreicht.

Bohrkronen mit Kreuzschneiden und Einfachmeißelschneiden sind als Normalformen anzusehen. Kreuzschneiden haben den Vorteil, in j e d e m Gestein richtig zu arbeiten. Besonders zweckmäßig sind sie in sehr hartem Gestein, wo die größere Schneidenlänge gegenüber Einfachmeißelschneiden einen geringen Hartmetall-Verschleiß zur Folge hat. Insbesondere ist auch die größere Widerstandsfähigkeit gegen Verschleiß am äußeren Umfang zu nennen. Es kommt hinzu, daß Kreuzschneiden auch in klüftigem Gestein gut arbeiten können, in dem Einfachmeißelschneiden versagen, wenn sie in eine Kluft hineingeraten, sich dort festsetzen und evtl. vom Bohrhammer her zerstört werden. Kreuzschneiden stützen sich auf dem ganzen Grund der Bohrlochsohle ab und überwinden so Schwierigkeiten in Spalten und Klüften. Sollte durch Unachtsamkeit der Bedienung beim Nachschleifen oder bei der Herstellung eine der 4 Schneiden zu Bruch gehen, so kann man mit der Kreuzschneide immer noch weiterarbeiten. Diesen Vorteilen steht der Nachteil gegenüber, daß bei gleichem Durchmesser die Kreuzschneide mehr Hartmetall enthält als die Einfachmeißelschneide und dadurch teurer ist.

Die Einfachmeißelschneide dagegen hat den Vorteil, schneller zu bohren, während der Verschleiß nicht so viel größer ist, wie es dem Preisunterschied gegenüber der Kreuzschneide entsprechen würde. Nimmt man als Kennzeichen für den Verschleiß die Gesamthaltbarkeit der Bohrkrone in Meter Bohrloch bis zum völligen Verbrauch, so ist die Minderleistung der Einfachschneide gegenüber der Kreuzschneide nicht sehr groß. Es ist nicht möglich, genaue Vorschläge über den zweckmäßigeren Einsatz der einen oder anderen Schneidenform zu geben; es muß das von Fall zu Fall ausprobiert werden.

Die geschichtliche Entwicklung der Kronen hinsichtlich ihres Durchmessers lief so, daß man im Steinbruch mit Schneidendurchmessern von 45···50 mm begann. Es zeigte sich bald, daß die große Schneidhaltigkeit von einem geringen Verschleiß am Außendurchmesser begleitet war. Auch nach Verbrauch des Hartmetall-Einsatzes war die Krone immer noch 40···45 mm breit, was gegenüber den verwendeten Sprengpatronen unnötig groß war. Im Steinbruch waren zwar diese großen Bohrlöcher deswegen erwünscht, weil man dort bei großen Bohrlochtiefen vielfach nach dem Verfahren des Kesselns arbeitet. Zu dem Zweck werden einige Sprengpatronen in dem unbesetzten Bohrloch abgeschossen, wobei im Bohrlochtiefsten das Gestein zertrümmert wird und herausgeholt werden kann. Nach mehrfacher Wiederholung entsteht ein größerer Kessel, der viel Sprengstoff aufnehmen kann, worauf dann das Bohrloch besetzt und abgetan wird.

Im Bergbau konnte man aber für die ortsüblichen kurzen Bohrlöcher mit dem Durchmesser der Schneiden heruntergehen, was im Laufe der Jahre schrittweise geschah, so daß heute Durchmesser von 36 mm im Neuzustand für Bergbauzwecke die Regel sind. Hierbei ist noch ein Durchmesserverbrauch bis auf 28 mm möglich. Es wird angestrebt, die Maße der Hartmetall-Einsätze dem Höhen- und Breitenverschleiß so anzupassen, daß das Hartmetall in beiden Richtungen gleichzeitig verbraucht ist. Die Bohrkronen finden also ihr Ende normalerweise dadurch, daß der Durchmesser sein Endmaß erreicht hat.

Es sind Versuche durchgeführt worden, durch weitere Verkleinerung des Durchmessers auf 30 und 32 mm zum sog. Kleinkaliberbohren zu kommen. Dieses Verfahren bringt Vorteile dadurch, daß die Bohrgeschwindigkeit steigt, wodurch Preßluft- und Lohnkosten eingespart werden können. Andererseits ist jedoch die Lebensdauer dieser kleineren Bohrkronen nicht so groß, wie die der in Normalausführung. Auch ist die Verwendung von dünneren Bohrstangen nötig, die eher zu Brüchen neigen.

Sonderformen: Eine durch Patente geschützte Ausführung einer Einfachmeißelschneide verwendet die Demag, wie sie in der Abb. 10 dargestellt ist. Zur besseren Rundführung der Schneide im Bohrloch und damit Schonung des Hartmetalls sind zwei seitliche Lappen im stählernen Schaftmaterial angebracht. In der Draufsicht entsteht das Bild, das einer Kreuzschneide ähnlich ist, nur sind zwei gegenüberliegende der

4 Flügel nicht mit Hartmetall besetzt. Es ist also der Vorteil der Kreuzschneide beibehalten, daß eine gute Führung vorhanden ist, während der Nachteil des größeren Hartmetalleinsatzes vermieden worden ist. Für reichliche Spülwasserzuführung ist durch 2 Kanäle gesorgt. Die Schneidenform hat sich gut bewährt und wurde nach dem letzten Kriege im Ausland mehrfach nachgeahmt.

Für klüftiges und sehr hartes Gestein bietet die Demag auch Bohrkronen mit X-Schneiden an, die den Kreuzschneiden ähnlich sehen, nur sind die beiden Schneidkanten nicht im rechten Winkel, sondern in Form eines X zueinander angeordnet. Diese Bohrkronen werden vorwiegend mit Gewinde versehen und für Steinbruchzwecke verwendet.

Eine weitere Spezialform, die für den Einsatz in Gesteinen bestimmt ist, die in Spalten lehmige oder erdige Bestandteile führen, wird von der Fa. Wallram hergestellt. Sie ist in der Abb. 11 dargestellt und wird als Bohrkrone mit Räumkante bezeichnet. Wie man erkennt, sind die Bohrmehlabführungsrillen so gelegt. daß die Hartmetall-Plättchen am äußeren Durchmesser der Krone einseitig freiliegen. Da Bohrhämmer die Bohrstangen und Schneiden links herumdrehen, während gleichzeitig geschlagen wird, ist die freiliegende Hartmetall-Kante in der Lage, schmierende Bestandteile des Bohrmehls, die das Bohrloch verstopfen könnten, abzukratzen und zu entfernen. Obgleich die Hartmetall-Platte in dieser Ausführungsform nicht mehr allseitig vom Stahl des Schaftes umfaßt ist, hat sich die Form doch bewährt, ohne daß Hartmetall-Brüche in nenneswertem Umfang vorgekommen sind.

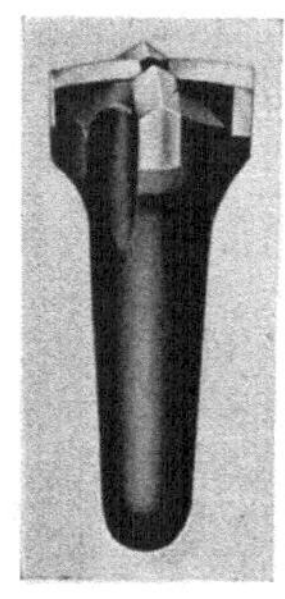

Abb. 10. Bohrkrone mit Einfachmeißelschneide und seitlichen Führungen (Werkfoto Demag).

Abb. 11. Bohrkrone mit Räumkante (Werkfoto Wallram).

Bohrkronen mit Doppelmeißel-, Y-, fünf- und sechszackigen Schneiden sowie sonstige Sonderformen der Schneiden sind häufig ausprobiert worden. Sie konnten sich aber nicht durchsetzen, weil die erstrebten Vorteile — hauptsächlich geringerer Verschleiß und größerer Bohrfortschritt — entweder nicht eintraten oder mit zu großen Schwierigkeiten bei der Herstellung oder beim Nachschleifen erkauft werden mußten.

Gegenüber dem Verfahren, das Bohrklein durch Spülwasser zu entfernen und gleichzeitig den feinen Bohrstaub, der zur Silikoseerkrankung führt, niederzuschlagen, hat sich in den letzten Jahren ein weiteres Verfahren durchgesetzt, bei dem der Bohrstaub trocken abgesaugt und abgefiltert wird. Zu dem Zweck wird mit Hilfe eines Ejektors, der mit Preßluft betrieben wird, ein Unterdruck erzeugt, so daß die umgebende Luft in das Bohrloch einströmt, und das vor der Schneide entstehende Bohrmehl durch Öffnungen in der Bohrkrone und weiterhin durch den Hohlbohrer mit weiter Öffnung abgeführt wird. Aus dem Hohlbohrer gelangt der Luftstrom, der das Bohrklein transportiert, über einen Saugkopf und Saugschlauch in einen Abscheider, wo der gesundheitsgefährliche Feinstaub abgefiltert wird.

Dieses Verfahren verlangt Bohrkronen, die in sofern anders gebaut sein müssen, als sie weitere Öffnungen für den Luftstrom haben müssen. Abb. 12 zeigt eine derartige Bohrkrone; hier das Ausführungsbeispiel der Fa. Wallram. Es fällt die Weite der Bohrungen auf, die nun nicht dazu dienen, Spülwasser zuzuführen, sondern Bohrklein abzuführen. Auch ist die Stelle, an der sie austreten, eine andere als bei den Wasserkanälen. Das Staubabsaugeverfahren hat in bezug auf die Schneiden den Vorteil, daß ohne Wasserspülung der Hartmetall-Verschleiß geringer ist. Es muß das allerdings mit einem Aufwand an Druckluft für die Unterdruckerzeugung bezahlt werden; doch wird andererseits damit ein Silikose-freies Bohren auch an solchen Stellen möglich, wo keine Wasserleitung liegt.

Abb. 12. Bohrkrone für Staubabsaugung (Werkfoto Wallram).

Hartmetall-Sorten: Die Beanspruchung des Hartmetalls in Schlagbohrkronen ist verschiedener Art. Durch die Arbeitsweise des Bohrhammers bedingt müssen Schlagenergien in der Größenordnung von 4 bis 6 mkg pro Schlag weitergeleitet werden. Da diese Schlagarbeit auf sehr kleinen Wegen aufgezehrt wird, errechnen sich außerordentlich hohe Druckkräfte im Augenblick des Schlages, die eine Größe von mehreren to annehmen können. Außer diesen Kräften in Längsrichtung der Bohrkrone treten Biegungsbeanspruchungen in Umfangsrichtung auf, da der Bohrhammer nach jedem Schlag die Schneiden um einen gewissen Winkel weiterdreht. Da während des Drehens Reibungen zwischen Schneide und Gestein auftreten, ergeben sich Biegungsmomente, die sowohl das Hartmetall an sich als auch die Lötverbindung zwischen Hartmetall und Schaft sehr stark beanspruchen. Schließlich werden beim Eindringen der Hartmetall-Schneide in das Gestein und beim Abkerben kleiner Gesteinspartikelchen sowie wiederum beim Drehen der Krone gegenüber der Bohrlochsohle Verschleißwirkungen auftreten, die je nach Härte und Zusammensetzung des gebohrten Gesteins verschieden groß sind.

Diese Beanspruchungen erfordern widersprechende Maßnahmen; d. h. macht man das Hartmetall härter und verschleißfester, so steigt damit auch die Sprödigkeit und die Empfindlichkeit gegen Schlag. Wird umgekehrt ein Hartmetall verwendet, das eine größere Widerstandsfähigkeit gegen Schlag- und Biegebeanspruchungen hat, so sinkt damit der Verschleißwiderstand. Man ist also gezwungen, einen Mittelweg zu gehen und möglichst große Härte mit möglichst großem Verschleißwiderstand zu vereinigen.

Hartmetall-Sorten, die diesen Ansprüchen gerecht werden, sind die Legierungen von Wolframkarbid mit etwa 6% Kobalt (Normbezeichnung G 1) oder solche mit 11···12% Kobalt (Normbezeichnung G 2). Die Sorte G 1 hat die größere Verschleißfestigkeit, ist aber auch spröder gegen Schlagbeanspruchungen. Sie ist am Platze, wenn mit verhältnismäßig leicht-schlagenden Bohrhämmern gearbeitet wird in Gesteinen, die keine allzu große Härte haben. Umgekehrt wird man zu der Hartmetall-Sorte G 2 greifen wenn stärker-schlagende Hämmer benutzt werden sollen und harte Gesteine durchbohrt werden müssen. Weil nicht immer im voraus bekannt ist, welche Sorte sich für den betreffenden Bedarfsfall am besten eignet, wird man häufig den richtigen Weg einschlagen, wenn man eine Sorte verwendet, die zwischen den beiden genormten Qualitäten liegt. So haben auch die Herstellerwerke von Hartmetall entsprechende Sorten für Schlagbohrer entwickelt, wie sie beispielsweise von der Widia-Fabrik-Essen [7] mit der Bezeichnung G 69 oder von Wallram-Essen mit WB 2 bezeichnet werden. Für besonders harte Gesteine wird man sinngemäß eine besonders zähe und weiche ·Hartmetall-Sorte verwenden, die unter der Bezeichnung G 3 bekannt ist und noch mehr Kobalt enthält als die Sorte G 2. Die Entwicklung derartiger Hartmetall-Sorten ist noch nicht abgeschlossen. Es ist nicht nur die Zusammensetzung, d. h. der Gehalt an WC oder Co für die Haltbarkeit ausschlaggebend, sondern es gibt auch noch Möglichkeiten durch verschiedene Wege und Methoden, die bei der Herstellung von Hartmetall beschritten werden können, weitere Vorteile zu erzielen.

Schaftmaterial: Das Schaftmaterial der Bohrkronen soll einerseits weich und zäh sein, um die auftretenden Schläge aushalten zu können, andererseits aber auch möglichst wenig Verschleiß zeigen. Es treten also ähnliche Anforderungen auf, wie sie an das Hartmetall gestellt werden. Nachdem anfänglich hochgekohlter C-Stahl, d. h. Werkzeugstahl, für diesen Zweck verwendet wurde, ging man später dazu über, legierte Stähle zu benutzen, insbesondere solche mit Cr-Gehalt, wobei sich durch den Lötvorgang und durch das nachfolgende Abkühlen eine Selbsthärtung ergab. Das läßt sich bei lösbaren Bohrkronen durchführen, macht jedoch bei Monoblocs Schwierigkeiten, da die Hartmetall-Schneiden in einen an den Bohrer angestauchten Kopf eingesetzt werden. Die Schwierigkeiten liegen darin, daß das Material nach dem Schmieden schon hart ist und dann noch weiterbearbeitet werden soll. Auch ist das Schmieden des Einsteckendes in solchem Material nicht gerade einfach, da der Temperaturbereich für das Schmieden sehr eng begrenzt ist. Schließlich ist legiertes Material teuerer als C-Stahl. Ein Ausgleich kann gefunden werden, indem die Stange auf ihrer ganzen Länge angelassen und vergütet wird.

Einlöten des Hartmetalls: Die Hartmetall-Platten werden durch Löten mit dem Schaft verbunden. Im Gegensatz zu Drehbohrern, zu Werkzeugen der spanabhebenden Bearbeitung oder Schrämpicken im Bergbau werden die Schlagbohrschneiden nicht aufgelötet, sondern in Schlitze eingelötet. Damit ist das spröde Hartmetall gegenüber Schlag- und Biegebeanspruchungen besser geschützt. Eine Schlitzlötung ist jedoch nicht einfach durchzuführen. Die größte Schwierigkeit liegt darin, daß das Hartmetall einen wesentlich kleineren thermischen Ausdehnungskoeffizienten hat als der umgebende Stahl. Er beträgt im Mittel für Hartmetall $5,3 \times 10^{-6}$ und für Stahl $12,2 \times 10^{-6}$. Da die Lötnaht zur Übertragung der Schlagkräfte und Biegungsbeanspruchungen eine gewisse Festigkeit haben muß, kann man nicht weichlöten, sondern muß hartlöten. Als Lotmetall kann daher Kupfer, Messing und Silber verwendet werden. Kupfer hat die bessere Festigkeit, aber den höheren Schmelzpunkt, so daß auch größere Schrumpfspannungen auftreten. Umgekehrt liegen die Verhältnisse bei Silberlot. Um die Schrumpfspannungen zu überbrücken, hat es sich bewährt, Zwischenlagen aus Weicheisen oder aus einer Drahtnetzfolie einzulegen. Von großem Einfluß auf die Qualität der Lötung sind die Spaltbreite, die Fließzeit des Lotes sowie das verwendete Flußmittel. Die Qualität der Lötung konnte sehr gesteigert werden als man nicht mehr handwerksmäßig mit der Schweißflamme oder in gasbeheizten Öfen lötete, sondern elektrische Öfen mit Widerstandsheizung und Schutzgas verwendete. Die beste Wirkung hat Wasserstoff als Schutzgas, doch kann auch ein Schutzgas durch Aufspaltung von flüssigem Ammoniak gewonnen oder unvollkommen verbranntes Leuchtgas verwendet werden. Die neueste Entwicklung in dieser Richtung hat zur Hochfrequenz-Induktionslötung geführt. Sehr ausführlich ist über Lötprobleme zwischen Stahl und Hartmetall in einer Arbeit von H. BEUTEL [8] berichtet worden, in der auch die Ergebnisse umfangreicher Versuche genannt werden. Die Schwierigkeiten beim Löten steigern sich noch, wenn man als Schaftmaterial legierten Stahl verwendet, der an sich für den späteren Einsatz beim Gesteinsbohren wünschenswert ist. Viele Mißerfolge beim Einsatz von Hartmetall-Schlagbohrkronen lassen sich auf unsachgemäße Lötung zurückführen und fallen nicht etwa dem Hartmetall zur Last. Manche Zechenbetriebe haben versucht, Hartmetall-Schlagwerkzeuge in eigener Werkstatt herzustellen. Das ist auch in einzelnen Fällen zur Zufriedenheit gelungen, doch hat sich bei Vergleichsversuchen mit fabrikmäßig hergestellten Kronen doch eine größere Haltbarkeit der letzteren ergeben.

b) Bohrstangen. Es ist wichtig, die Formen und Eigenschaften der Bohrstangen zu kennen, da sie den Eigenschaften der Hartmetall-Kronen angepaßt werden müssen. In dem bereits erwähnten Normblatt DIN 20377 sind als Bohrstangen Vollbohrer und Hohlbohrer genannt. Als Profile kommen Rundbohrer, 6kant-Bohrer, Schlangenbohrer und Schwertprofilbohrer infrage. Die beiden Letztgenannten spielen eine nur geringe Rolle, während Rund- und 6kant-Bohrer fast allgemein benutzt werden. An die Bohrstangen werden Einsteckenden mit Bund angeschmiedet, die 4kant- oder 6kant-Teile tragen, die in den Bohrhammer eingreifen, während für Zwecke der Wasserspülung zwischen Einsteckende und Bund noch ein zylindrischer Teil zur Aufnahme des Spülkopfes vorgesehen ist. Am anderen Ende der Bohrstange kann entweder eine Bohrkrone aufgesetzt oder aufgeschraubt oder eine Hartmetall-Schneide unmittelbar eingelötet werden. Es ist auch möglich, die Einsteckenden nicht anzuschmieden, sondern ebenfalls mit einem Konus aufzustecken. In der Abb. 13 sind einige Ausführungsformen gezeigt, wie sie im deutschen Bergbau verwendet

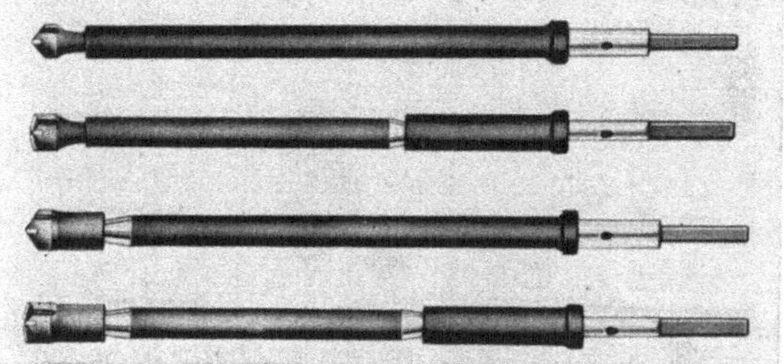

Abb. 13. Bohrrohre und Bohrstangen (schematisch).

werden. Darin kann man den dritten Bohrer von oben als Normalausführung bezeichnen, einerseits mit aufgesteckter Bohrkrone, andererseits mit angeschmiedetem Wasserspül-Einsteckende. Die anderen drei Bohrer zeigen Ausführungen mit Bohrrohren nach Patenten der Fa. Wallram.

Die Dauerstandfestigkeit von Bohrstangen oder Bohrrohren ist von großer Bedeutung beim schlagenden Bohren. Nachdem die Hartmetall-Schneiden eine außerordentliche Lebensdauer erreicht haben, die je nach der Gesteinshärte zwischen 50 und 500 m schwanken kann, stellte sich heraus, daß die Bohrstangen nicht immer eine genügend große Haltbarkeit haben. Es kommt häufig vor, daß die Bohrstange eher durch Dauerbruch ein Ende findet, als Hartmetall und Bohrkrone verbraucht sind. Solange lösbare Bohrkronen auf die Stange gesteckt werden, kann nach deren Bruch die Krone mit einer neuen Stange weiter verwendet werden. Immerhin ergibt sich aber durch Bohrstangenbruch eine Betriebsstörung; manchmal geht auch das abgebrochene Stück mit der Bohrkrone verloren. Es hat nicht an Versuchen gefehlt [9], die Qualität der Bohrstange zu verbessern, dadurch daß man entweder legierten Bohrstahl verwendet oder die ganze Bohrstange vergütet. Diese Versuche sind noch keineswegs abgeschlossen, so daß ein endgültiger Vorschlag über das beste Bohrgestänge noch nicht gemacht werden kann.

Verwendet man beispielsweise Chrom-legiertes Material für die Bohrstangen, so entsteht ein Lufthärtungseffekt, der das Anschmieden der Einsteckenden schwierig macht. Daher ist man auf den Ausweg verfallen, die Einsteckenden ebenso lösbar zu gestalten, wie die Bohrkronen, wie es auch in der vorerwähnten Abb. 13 gezeigt ist. Schwierigkeiten ergeben sich mit solchem Material auch bei der Herstellung von Monoblocs, weil Schlitze zur Aufnahme des Hartmetall-Plättchens in den eingestauchten Kopf derartiger Bohrer eingefräst werden müssen.

Ob es möglich sein wird, Bohrstangen von sehr großer Dauerhaltbarkeit zu entwickeln, ist noch ungewiß. Für vergleichende Wirtschaftlichkeitsberechnungen muß jedenfalls der Bohrstahlverbrauch mit eingerechnet werden bzw. muß die Ersparnis an Preßluft-, Lohn- und Schmiedekosten durch Verwendung von Hartmetall so groß sein, daß der Verbrauch von Bohrstangen ausgeglichen wird. Andererseits darf nicht vergessen werden, daß auch beim Bohren mit Stahlschneiden ein Bohrstangenverbrauch eintritt. Zwar werden dabei nicht so häufig Brüche beobachtet; das liegt aber daran, daß die Bohrstangen verbraucht sind ehe ein Dauerbruch eintritt. Der Verbrauch ergibt sich daraus, daß bei jedem Nachschärfen der Schneide die Stange durch Schmieden etwas kürzer wird, und daß nach mehrmaligem Anstauchen die ganze Schneide abgeschlagen werden muß, weil der Stahl dann zu sehr entkohlt ist, um noch die richtige Härtung anzunehmen. Betrachtet man beispielsweise eine Bohrstange von 1,5 m Länge mit angeschmiedeter Schneide und legt ein Gestein zugrunde, in dem die Schneide nach $\frac{1}{2}$ m Bohrlochtiefe stumpf ist, so geht bei zehnmaligem Bohren und Nachschärfen etwa 15 cm Bohrerlänge verloren. Das entspricht aber nur einer Bohrlochtiefe von 5 m. Anders ausgedrückt: hat der Bohrer 7×15 cm verloren, so ist er nur noch knapp $\frac{1}{2}$ m lang und muß abgelegt werden. In der Zeit hat er unter den angenommenen Verhältnissen nur 35 Bohrmeter geleistet. Das ist aber eine Meterzahl, bei der eine Bohrstange mit Hartmetall-Krone bei weitem noch nicht ihr Ende durch Dauerbruch gefunden hat.

Das Trennen des Einsteckendes und auch der Bohrkrone von der Bohrstange durch Verwendung von Konus oder Gewinde hat aber auch Nachteile, und zwar geht in jeder Verbindung ein Teil der Schlagenergie verloren, die vom Bohrhammer her durch die Bohrstange zur Schneide geleitet wird. In diesem Zusammenhang sind Versuche interessant, die in der Hammerprüfstelle der Bergschule Bochum von C. Hoffmann durchgeführt worden sind und deren Ergebnis in der Abb. 14 dargestellt ist. Es kam darauf an zu prüfen, wieviel von der Schlagenergie des Bohrhammers durch verschiedenartige Verbindungen aufgezehrt wird. Die Versuche wurden so durchgeführt, daß man in einem Rohr einen Schlagkolben von dem üblichen Gewicht der Bohrhämmer-Schlagkolben frei fallen ließ, so daß er am Ende seines Weges dieselbe Schlagarbeit ausübte wie im Bohrhammer.

Der Kolben fiel auf eine senkrecht stehende Bohrstange, unter der ein
kleiner Bleizylinder aufgestellt war. Die Zusammenstauchung dieses
Zylinders nach einer bestimmten Anzahl von Schlägen ist ein Maß für die
übertragene Schlagarbeit. Nennt man die Arbeit, die durch einen unge-
teilten Bohrer übertragen wird, 100%, so zeigt die Abbildung, daß Gewindeverbindungen zwischen Bohrstange und Bohrkrone nur geringe

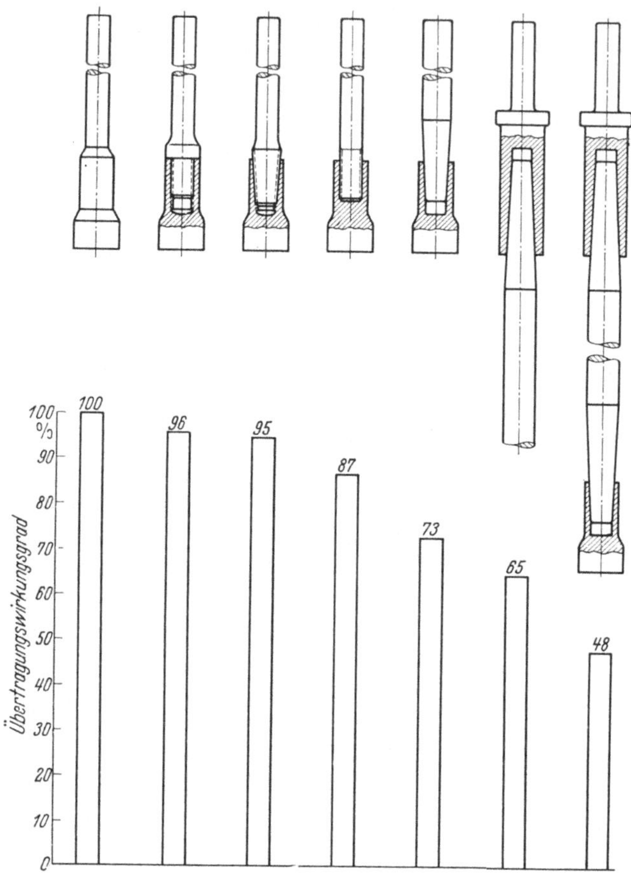

Abb. 14. Verlust an Schlagarbeit durch verschiedene Verbindungen zwischen Bohrkrone
und Bohrstange.

Verluste zwischen 4% und 13% ergaben. Bei konischen Verbindungen
werden die Verluste größer, wobei der Konus zwischen Einsteckende und
Stange den größeren Verlust ergibt. Etwa die Hälfte der Schlagenergie
wird aufgezehrt, wenn eine konische Verbindung am Einsteckende und
an der Krone vorhanden ist. Die letztgenannten Zahlen entsprechen
nicht ganz den Bohrversuchen im Gestein. Bei Konusverbindungen geht

die Bohrgeschwindigkeit nicht auf die Hälfte herunter. Wahrscheinlich hat bei dem Laboratoriumsversuch der Konus nicht genau gepaßt, so daß an dieser Stelle zu viel Schlagarbeit aufgezehrt wurde. Nach einigen Dezimetern Bohrtiefe schlägt sich der Konus fest und hat dann nicht mehr so viel Verlust. Man muß also auf guten Sitz bei Konus-Verbindungen achten. Immerhin zeigt der Versuch nach Abb. 14, daß solche Konus-Verbindungen mehr Verluste verursachen als Gewinde. Die Schlußfolgerung wäre, mit möglichst wenigen Verbindungen zu arbeiten, doch stehen dem Schwierigkeiten der Fertigung oder des Betriebes beim Bohren entgegen.

Gewindeverbindungen sind zwar verlustarm, aber teuer in der Herstellung und wenig haltbar im Betrieb. Monoblocs ohne jegliche lösbare Verbindung können z. Z. noch den Nachteil haben, daß die Bohrstange eher durch Dauerbruch ein Ende findet, als das Hartmetall verbraucht ist. Konische Verbindungen bringen zwar mehr Verluste, doch sind sie gut haltbar, billig herzustellen und leicht im Bedarfsfall zu reparieren.

Dauerbrüche werden begünstigt durch Kerben. Diese treten leicht an der Spülbohrung der Hohlbohrer auf. Insbesondere dann, wenn mit Wasserspülung gearbeitet wird, verrosten die Hohlbohrer schnell in

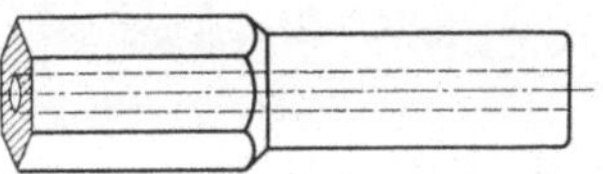

Abb. 15. Bundloses Einsteckende.

den Arbeitspausen, so daß von innen ausgehende Korrosionsdauerbrüche die Folge sind. Auch 6 kant-Bohrer, die zwar einen guten Biegewiderstand haben, sind an ihren Kanten gefährdet, an denen im Betrieb Kerben auftreten können, die dann zum Ausgangspunkt von Dauerbrüchen werden. Eine Sonderform des Einsteckendes bietet neben den Normalausführungen die Demag an, bei der kein gestauchter Bund vorhanden, sondern der 6 kant-Bohrer zylindrisch abgedreht ist, während ein kleiner Konus die Auflage für den Hammer bildet. Dieses sog. Zapfeneinsteckende, für das der Demag-Bohrhammer „Bergmeister" geliefert werden kann, ist in der obenstehenden Skizze (Abb. 15) gezeigt. Es sollen durch diese Ausführungsform die Schwierigkeiten vermieden werden, die durch Anstauchen eines Bundes entstehen: Schmiedefalten oder Wärmeübergangszonen, die zu Dauerbrüchen führen können.

Auch das Wallram-Bohrrohr ist als Sonderform zu bezeichnen, wobei ebenfalls ein Vorteil darin zu sehen ist, daß keine Schmiede- und Warmbehandlungsmethoden nötig sind, und daß bei vorkommenden Brüchen ein Ausdrehen innen oder Abdrehen außen zur Konusform leicht durch den Benutzer selbst möglich ist.

Für manche bergbaulichen Zwecke ist es wichtig, lange Bohrlöcher herzustellen. Es ist beispielsweise bei anstehendem Wasser und der Gefahr von Wassereinbrüchen vorgeschrieben, daß vorgebohrt werden muß. Auch kommen bei verlorengegangenen Flözen oder Erzgängen Suchbohrungen vor, die, solange sie nicht die Tiefe von 20 oder 30 m überschreiten, mit den normalen im Streckenvortrieb vorhandenen Bohrhämmern niedergebracht werden können. Da der Raum beengt ist, kann man nicht so lange Bohrstangen verwenden; sie werden daher aus einzelnen Stücken zusammengesetzt. Ähnliche Bohrlöcher kommen auch im Steinbruchbetrieb oder beim Talsperrenbau vor. In solchen Fällen kann man die Bohrstangen stückweise zusammensetzen dadurch, daß man sie mit einem Nippel, der auf beiden Seiten einen Konus trägt, verbindet (Abb. 16), oder durch Verbindungsstücke, die beiderseits mit Gewinden versehen sind. Zwar wird durch häufige Verbindungsstellen ein großer Teil der Schlagenergie aufgezehrt, so daß man versuchen wird, die einzelnen Stücke möglichst lang zu machen. Doch ist andererseits das Bohren mit dem bereits vorhandenen Gerät häufig viel schneller von Erfolg begleitet, als wenn man ganz andere Maschinen beschaffen muß, wie sie beispielsweise für solche Zwecke sonst in Form der Craelius-Bohrmaschine üblich sind, die nach dem Kernbohrverfahren arbeitet und Diamantbohrkronen verwendet. STEINER [10] geht in seiner Abhandlung auf die Möglichkeit ein,

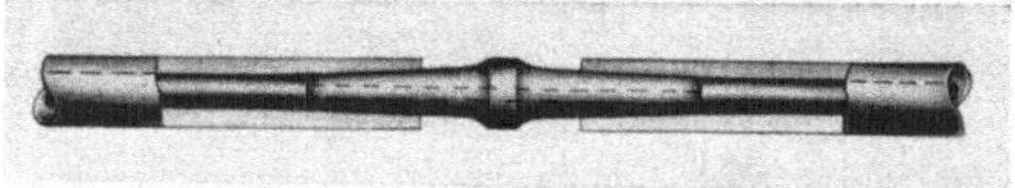

Abb. 16. Verbindung zweier Bohrstangen (Werkfoto Wallram).

Tiefbohrungen mit Schlagbohrhämmern und zusammengeschraubtem Gestänge herzustellen und zeigt entsprechende Bilder.

c) Bohrmaschinen. Maschinen für das schlagende Bohren sind Hammerbohrmaschinen oder Drifter, Stoper und Bohrhämmer. Vor etwa 50 Jahren wurde in Deutschland der selbstumsetzende Bohrhammer erfunden, der sich schnell in den Betrieben ausbreitete. In dem Bestreben, die größten Bohrgeschwindigkeiten zu erreichen, wurden die Hämmer immer schwerer gebaut, bis sie nicht mehr von Hand getragen werden konnten und auf Spannsäulen oder in Dreifußgestelle montiert werden mußten. Solche überschweren Bohrhämmer erhielten die Bezeichnung Hammerbohrmaschinen, in Amerika: Drifter. Maschinen, die hinsichtlich ihrer Größe zwischen diesen beiden Gruppen liegen, wurden mit Preßluftvorschub ausgerüstet und arbeiteten häufig mit Handumsatz, wobei der ganze Hammer hin- und hergedreht wurde. Für diese Maschine fehlt ein deutscher Spezialausdruck; sie wird in englisch-sprechenden Ländern Stoper genannt.

Nach Einführung des Hartmetalls in die Gesteinsbohrtechnik wurden zunächst nur leicht-schlagende Bohrhämmer benutzt, um keine allzu große Beanspruchung an das Hartmetall heranzubringen. Die Ausdrucksweise leicht-schlagend oder schwer-schlagend ist unklar. Ein Anhalt für die Größe der Schlagstärke ist das Hammergewicht. Man unterscheidet daher auch verschiedene Gewichtsklassen, die sich etwa in der Größenordnung von 14···16 kg für weiche, 18···20 kg für mittelharte und 20 bis 25 kg für harte Gesteinsarten bewegen. Das gilt in Verbindung mit Stahlschneiden. Besser ist es, die Größe der Schlagarbeit zu bestimmen, wofür wiederum als Anhalt Zylinderdurchmesser und Kolbenhub gelten können. Leider ist es jedoch nicht möglich, aus Kolbenfläche, Luftdruck und Kolbenhub die Arbeit in mkg pro Schlag zu errechnen, weil dabei Drosselverluste der Luft in der Steuerung und Reibungsverluste des Kolbens auf seinem Weg im Zylinder unberücksichtigt bleiben. Es sind daher 2 Wege vorgeschlagen worden, die Schlagarbeit versuchsmäßig zu bestimmen. GROEDEL [11] beschrieb als Erster eine Einrichtung, auf der der Kolbenweg über der Zeit aufgetragen werden kann. Aus dem Zeitwegdiagramm des Kolbens ist es möglich, die tatsächliche Kolbengeschwindigkeit zu errechnen und mit dem Kolbengewicht nach den Gleichungen $A = \dfrac{m v^2}{2}$ und $m = \dfrac{G}{g}$ die Einzelschlagarbeit in mkg zu bestimmen. Einen anderen Weg geht C. HOFFMANN [12], der den Bohrhammer in ein Gestell einspannt und so arbeiten läßt, wie es im Betrieb der Fall ist. Den Bohrer läßt HOFFMANN in ein Ölbremsgerät eindringen, das vorher mit freifallenden Kolben geeicht worden ist. Es ist auf diese Weise möglich, die Schlagenergie zu messen, die an den Bohrer abgegeben wird.

In Deutschland sind die vor dem Kriege üblichen Hartsteinhämmer und Hammerbohrmaschinen verschwunden. Es wird fast nur noch mit Handbohrhämmern in der Gewichtsklasse von 20 kg gebohrt. O. MÜLLER [13] gibt in seinem zusammenfassenden Aufsatz über das schlagende Bohren in Gesteinsstrecken eine Zahlentafel wieder, in der die zu der Zeit von deutschen Firmen gelieferten Hämmer mit ihren technischen Daten aufgeführt sind. Es ist zu erkennen, daß die vorher üblichen Standardtypen wie Flottmann AT 18 oder Demag FT 60 durch neue Entwicklungen überholt sind, die mit größerem Kolbendurchmesser, aber kleinem Hub eine große Schlagenergie bei gleichzeitig gesteigerter Schlagzahl pro Minute erreichen. Bekanntgeworden sind vor allem der Flottmann-Hammer AZ 20 und Demag „Bergmeister". Auch DORSTEWITZ [14] gibt eine umfangreiche Tabelle über im In- und Ausland benutzte Bohrhämmer und Hammerbohrmaschinen bekannt. Für Deutschland sind daraus die neuesten Hämmer von Flottmann der BJ-Reihe interessant. Auch die Demag hat neue Hämmer auf den Markt gebracht [15], die bei gleichbleibendem Gewicht größere Bohrleistungen erreichen. Der Einsatz solcher Hämmer in Verbindung mit Hartmetall-Schneiden wurde möglich durch die im Laufe der Jahre besser gewordene Hartmetall-Qualität und wachsende Erfahrung in der Löttechnik. Auch im übrigen europäischen Ausland hat sich dieses Verfahren durchgesetzt. So wird beispielsweise aus Schweden berichtet [16], daß dort die bis dahin übliche Vielfalt an Bohrhämmern verschiedener Charakteristik zugunsten eines Standard-

Bohrgerätes mit einem mittelschweren Bohrhammer und Hartmetall-Schneiden beseitigt worden ist.

In Amerika ist die Entwicklung einen anderen Weg gegangen. Nachdem dort bis in die jüngste Zeit fast ausschließlich mit Stahlschneiden und schweren Bohrhämmern oder Hammerbohrmaschinen gearbeitet worden ist, versucht man jetzt mit denselben schweren Maschinen Hartmetall-Schneiden einzusetzen. Es werden dann Kreuzschneiden mit verhältnismäßig großem Durchmesser verwendet, die die hohe Schlagarbeit der schweren Maschine aushalten. Diese schweren Maschinen sind auf Bohrwagen montiert. Ein Bohrwagen kann bis zu 5 Ausleger mit Bohrmaschinen tragen, die alle gleichzeitig arbeiten. Der Einsatz derartig schwerer und teurer Geräte erfordert eine gute Organisation. Sie sind nur erfolgreich bei hohem Luftdruck, der im deutschen Steinkohlenbergbau vielfach nicht vorhanden ist, d. h. es müssen zusätzlich noch Zwischenverdichter eingesetzt werden. Damit wird angestrebt und erreicht, daß sowohl die reine Bohrzeit als auch die Nebenzeiten verkürzt werden, wodurch Einsparungen an Lohnkosten möglich sind. Die Ersparnisse müssen so groß sein, daß der Mehraufwand an Kapitalkosten ausgeglichen wird. Es wird jedoch berichtet, daß auch in Amerika mehr und mehr mit Handbohrhämmern, Preßluftstützen und Hartmetall-Schneiden kleineren Durchmessers gearbeitet wird.

Elektrische Bohrhämmer: Druckluft ist eine verhältnismäßig teuere Antriebsenergie, die sich aber besonders gut für die Erzeugung hin- und hergehender Bewegungen eignet. Es hat nicht an Versuchen gefehlt, die billigere elektrische Energie für den Antrieb von Bohrhämmern nutzbar zu machen. Doch haben diese zu keinem Ergebnis geführt. Lediglich ein Bohrhammer der Fa. Bosch/Stuttgart wird in größerem Umfang hergestellt; seine Leistung ist aber geringer als die gleich schwerer Preßlufthämmer, so daß er sich im Bergbau nicht durchsetzen konnte. Er ist für leichteres Gestein, für kleinere Bohrlöcher auf Baustellen sowie als Installationshammer in Hochbauten gut geeignet und arbeitet an diesen Stellen auch mit Hartmetall-Schneiden. Im übrigen findet die elektrische Antriebsenergie im Bergbau nur Anwendung beim drehenden Bohrverfahren in weichen Mineralien, z. B. in Salz oder Kalk.

4. Bedienungsvorschriften.

Aus dem Vorhergesagten ist klar geworden, daß das Hartmetall ein empfindliches Material ist, welches beim schlagenden Bohren im Gestein außerordentlich rauhen Beanspruchungen ausgesetzt ist. Es kann diese hohe Beanspruchung nur aushalten, wenn es neben sorgfältigster Herstellung im Betrieb pfleglich behandelt wird. Zu diesem Zweck kann man eine Reihe von Bedienungsvorschriften geben, die niemals vollständig sein können, aber doch Hinweise für die richtige Behandlung ermöglichen.

a) Das Bohren. In den meisten Fällen ist die Bohrkrone lösbar und mit einem Konus an der Stange befestigt. Ungenauer Sitz zwischen beiden Teilen ergibt die Möglichkeit von Anfressungen an der Oberfläche, die Ausgänge für Dauerbrüche bilden, und von Minderleistung in der Bohrgeschwindigkeit. Es muß daher bei dem Zusammensetzen sowohl die Kegelbohrung als auch der Außenkonus sorgfältig gereinigt werden, damit keine Reste von Bohrmehl oder Gesteinssplitter darauf sitzen bleiben. Auch Korrosion an diesen Stellen wirkt in derselben Weise; man muß also ein Verrosten dadurch verhindern, daß man nach der Bohrarbeit sowohl die blanken Teile der Bohrkrone als auch der Stange mit einem Tropfen Schmieröl versieht. Maßungenauigkeiten zwischen den beiden Kegeln können auch auftreten, wenn in der Zechenwerkstatt abgebrochene Bohrstangen repariert und mit neuem Konus versehen werden. Es ist darauf zu achten, daß selbst angedrehte Kegelenden mit einem Lehrring auf Maßhaltigkeit geprüft werden. Außerdem muß eine glatte Oberfläche vorhanden sein.

Abb. 17. Falsche Handhabung beim Anbohren (Werkfoto Flottmann).

Bevor man mit dem Bohren beginnt, muß man die Bohrkrone durch Aufstoßen fest mit der Stange verbinden oder bei Ausführung mit Gewinde mit einem passenden Schraubenschlüssel fest anziehen. Beim Anbohren des Loches ist besondere Sorgfalt vonnöten. Zunächst muß darauf geachtet werden, daß die Bohrkrone nicht auf der Gesteinsoberfläche hin- und hertanzt, weil sie beim Anbohren noch keine Führung im Bohrloch hat. Durch dieses Tanzen würden zu hohe Beanspruchungen der Schneidenkanten und -ecken hervorgerufen. Deshalb ist es zweckmäßig, mit einem kurzen Bohrer zu beginnen und einen zweiten Mann außer dem Hammerführer zur Verfügung zu haben, der beim Anbohren die Krone hält. Die obenstehende Abb. 17, die aus einem Steinbruch stammt, zeigt, wie man es nicht machen soll. Es fehlt der zweite Mann; außerdem ist der Bohrer schon zu lang. Man erkennt das vergebliche Bemühen des Bedienungsmannes, die Schneide beim Anbohren richtig zu führen. Abhilfe kann ferner dadurch geschehen, daß man nicht mit vollem Luftdruck anbohrt, sondern den Bohrhammerhahn nur teilweise öffnet.

Im Zusammenhang damit steht ein zweiter Fehler, der beim Anbohren gemacht werden kann. Er liegt dann vor, wenn man nicht senkrecht zur

Gesteinsoberfläche anbohrt. Da das Bohrloch aber aus sprengtechnischen Gründen häufig eine andere Richtung hat als senkrecht zur Gesteinsoberfläche, muß man dann trotzdem die Schneide im rechten Winkel aufsetzen und 1···3 cm tief bohren. Danach kann man den Bohrhammerhahn allmählich ganz öffnen und gleichzeitig die Bohrstange langsam in die gewünschte Richtung schwenken. Setzt man die Schneide nicht senkrecht auf, wie es die Abb. 18 zeigt, so geht die ganze Schlagenergie des Bohrhammers auf eine Ecke der Hartmetall-Schneide. Diese wird dadurch überbeansprucht und kann zerbrechen.

Umstände, die die Haltbarkeit des Hartmetalls ungünstig beeinflussen, können auch vom Bohrhammer, vom Luftdruck und vom Spülwasser herkommen. Es sollen nur Bohrhämmer verwendet werden, die einwandfrei umsetzen und nicht durch Stockungen in der Drehbewegung eine zusätzliche Beanspruchung herbeiführen. Es müssen daher auch die Bohrhämmer rechtzeitig nachgesehen werden und evtl. Verschleißteile wie Sperrklinken ersetzt werden. Die Folgen wären sonst erhöhter Verschleiß des Schaftmaterials, unrunde Bohrlöcher und Plättchenbrüche.

Abb. 18. Nicht schräg anbohren!
(Werkfoto Flottmann.)

Aber nicht nur das unregelmäßige Drehen des Bohrers durch eine verschlissene Umsetzvorrichtung des Bohrhammers führt zu erhöhter Beanspruchung der Schneiden und des Hartmetalls. Man muß auch auf einwandfreie Beschaffenheit der Bohrerhülse achten. Das ist derjenige Teil im Bohrhammer, der mit einer 4kant- oder 6kant-Ausnehmung das Einsteckende der Bohrstange aufnimmt. Ist diese Bohrerhülse verschlissen, so daß der Bohrer darin keine ordentliche Führung hat, und ist ferner die Schlagfläche des Bohrhammerkolbens ausgeschlagen, so treten Kaltverformungen der Einsteckenden, Aufstauchungen sowie Dauerbrüche an Einsteckenden und Bohrstangen auf, die vermieden werden können. In demselben Sinne müssen aber auch die Einsteckenden der Bohrstangen maßhaltig sein, und die Aufschlagflächen müssen im rechten Winkel zur Bohrerachse stehen.

Es ist ein möglichst großer Bohrfortschritt anzustreben, daher sollen Drücke der Preßluft unter 4 atü vermieden werden. Bei zu niedrigem Luftdruck würde zwar der Bohrhammer noch schlagen und drehen, aber keinen genügenden Bohrfortschritt ergeben. Das Hartmetall wird auf der Bohrlochsohle zerrieben, weil die kleinere Schlagenergie nicht mehr genügt, um Gesteinssplitter abzukerben. In solchen Fällen sind sehr große Verschleißwerte des Hartmetalls die Folge.

In ähnlicher Weise beeinflußt die Bohrlochspülung den Hartmetall-Verschleiß. Eine ausreichende Spülung mit Wasser sorgt dafür, daß das Bohrklein möglichst schnell entfernt und nicht weiter zerkleinert wird. Erfahrungsgemäß kommt man mit einer Spülwassermenge von 1 l pro Minute aus. Das ist von Bedeutung, wenn keine Wasserleitung vorhanden ist und das Spülwasser in Kesselwagen herangefahren werden muß. Hat man dagegen genügend Wasser zur Verfügung und kann es auch durch eine Wasserseige bequem wieder abführen, so ist es zweckmäßig, mit mehr Wasser zu spülen. Andererseits darf aber auch der Spülwasserdruck und die Spülwassermenge nicht so groß sein, daß sie die Bohrerschneide gegen den Andruck des Bohrhammers von der Bohrlochsohle abheben. Die größere Spülwassermenge kühlt die Schneide, die sonst zu heiß werden würde.

Arbeitet man dagegen im Steinbruch mit Luftspülung, so muß man häufig die Ausblasevorrichtung betätigen, die an den Bohrhämmern angebracht ist. Trotzdem wird bei Luftspülung die Bohrkrone insbesondere in hartem Gestein außerordentlich heiß. Der Bedienungsmann kommt in Versuchung, nach Fertigstellung des Bohrloches die heiße Krone in einer Wasserpfütze oder in Schnee abzukühlen. Davor kann nicht genug gewarnt werden, weil beim Abschrecken des erhitzten Hartmetalls feine Risse entstehen, die mit bloßem Auge nicht erkennbar sind, aber mit Sicherheit später zu Hartmetall-Brüchen führen, die dann als Herstellungs- oder Materialfehler den Herstellern oder Lieferanten zur Last gelegt werden. Auch die Lötnaht wird bei diesem scharfen Abkühlen sehr stark beansprucht und kann zu späterem Ausfallen ganzer Hartmetall-Plättchen führen.

Ist jedoch ein Schneidenbruch oder ein Herausfallen einzelner Schneidenteile während des Bohrens beobachtet worden, so muß man mit dem betreffenden Bohrloch aufhören. Es geht also nicht an, mit einer neuen Schneide in demselben Bohrloch weiterzubohren. Liegengebliebene Hartmetall-Teile führen nämlich mit Sicherheit auch zur Zerstörung der neuen Kronen. Das Entfernen einzelner Hartmetall-Teile ist deswegen schwierig, weil das übliche Ausblasen oder Ausspülen zwar die leichteren Teile des Gesteins wegbefördert, aber das spezifisch sehr viel schwerere Hartmetall nicht entfernen kann.

Während des Bohrens muß der Bohrhammer richtig geführt werden. Läßt man den Bohrhammer auf der Stange hängen oder drückt durch Unachtsamkeit noch auf denselben, so ist eine Durchbiegung der Bohrstange die Folge, die zum frühen Bruch führen muß. Die Abb. 19 zeigt in übertriebener Weise diesen Fehler. Aber nicht nur die Stange wird zusätzlich beansprucht, sondern auch die Hartmetall-Schneide, die auf diese Weise mit einer großen Hebelkraft seitlich gegen das Gestein gedrückt wird, wobei große Reibung und zusätzliche Biegung auftreten, die zum übermäßigen Verschleiß oder sogar zu Brüchen führen. Abhilfe ist leicht dadurch zu schaffen, daß dem Bedienungsmann das Tragen des Hammergewichtes abgenommen wird, indem Preßluft-beaufschlagte Hammerstützen verwendet werden.

Muß man ein Gestein durchbohren, in dem Klüfte vorkommen, so kann man am Hammer deutlich fühlen und auch an der Drehbewegung des Hammers merken, wenn die Schneide in eine Spalte hineingerät. Um Schneiden- und Gestängebrüche zu vermeiden, ist es zweckmäßig, in solchen Fällen mit vermindertem Luftdruck, d. h. mit gedrosseltem Bohrhammerhahn und verringertem Andruck vorsichtig weiterzubohren, bis man wieder in kompaktem Gestein ist.

Die große Standfestigkeit der Hartmetall-Schneiden führt leicht dazu, daß man die Bohrkrone auf eine lange Bohrstange setzt und die ganze Bohrlochtiefe in einer Bohrerlänge abbohrt. Das hat verschiedene Nachteile. Zunächst verzehrt die längere Stange einen größeren Teil der Schlagenergie als eine kurze. Damit wird die Bohrgeschwindigkeit kleiner und der Zeitaufwand größer. Man spart also keine Zeit gegenüber der Bedienungsweise, daß man ein Bohrloch mit 2 oder 3 Bohrstangen herstellt und zwischendurch ein- oder zweimal

Abb. 19. Bohrhammer nicht hängen lassen!
(Werkfoto Flottmann.)

einen Bohrerwechsel vornimmt. Wichtiger ist aber, daß die lange Bohrstange nicht geführt ist, erheblich schwingt und schneller zu Dauerbrüchen führt. Auch tritt der vorher genannte Bedienungsfehler, nämlich Durchhängen der Stange, leichter auf. Ebenfalls wird in dem Fall das Anbohren, auf dessen Wichtigkeit bereits hingewiesen wurde, außerordentlich erschwert.

Wird wie vorgeschlagen mit mehreren Bohrerlängen zur Herstellung einer Bohrlochtiefe gearbeitet, so muß darauf geachtet werden, daß die Bohrkrone, die auf dem nächst-längeren Bohrer sitzt, auch in das Bohrloch eingeführt werden kann, ohne daß ein Klemmen zwischen Bohrkrone und Bohrlochwand eintritt. Die Folge würde eine unzulässig hohe Biegebeanspruchung beim Drehen des Bohrers sein, die zu frühzeitigen Schneidenbrüchen des Hartmetalls führen müßte. Am sichersten ist es in solchem Falle, dieselbe Bohrkrone von der kürzeren auf die nächstlängere Stange umzusetzen. Will man sich die Arbeit nicht machen und den Zeitverlust sparen, so kann man auch eine ganze Reihe von Bohrlöchern herstellen mit einem Bohrersatz, bei dem auf jeder Stange eine andere Bohrkrone sitzt und sitzen bleibt. Nur muß dann darauf geachtet werden, daß eine, wenn auch kleine, Durchmesserabstufung vorhanden ist.

Von großer Bedeutung für die Haltbarkeit der Hartmetall-Schneide ist der richtige Zeitpunkt des Nachschleifens. Es ist nicht leicht festzustellen, wann zweckmäßigerweise nachgeschliffen wird. Ein Maß hierfür, etwa in Meter Bohrlochlänge anzugeben, ist nur möglich, wenn die Gesteinshärte und Zusammensetzung immer gleich bleibt. Aber auch dann kann man diese Zahl nur nach langer Erfahrung und Beobachtung festlegen. Eine andere Möglichkeit wäre die, die Bohrgeschwindigkeit als Maß für den Zeitpunkt des Nachschleifens heranzuzie-

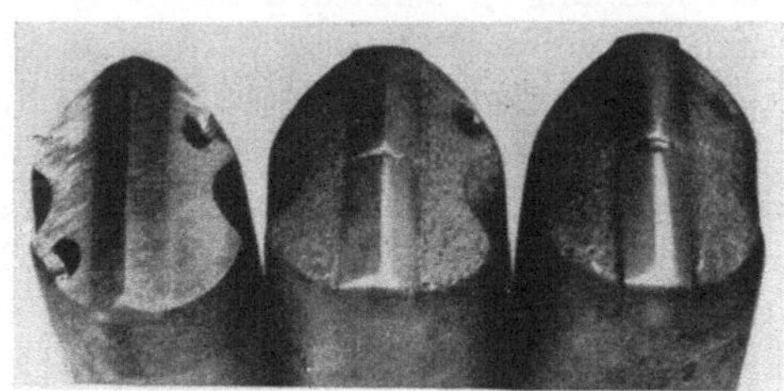

Abb. 20. Schneidenzustand geschärft, abgebohrt, zu stumpf (Werkfoto Wallram).

hen. Man könnte die Bohrgeschwindigkeit mit neugeschärfter Schneide messen und beispielsweise festlegen, daß nachgeschliffen werden muß, wenn diese Geschwindigkeit um etwa 25% zurückgegangen ist. Das setzt aber voraus, daß dauernd die Bohrgeschwindigkeit kontrolliert wird, ferner, daß die Gesteinshärte gleichbleibt, so daß auch dieses Verfahren nicht zum gewünschten Ziel führt.

Die dritte Möglichkeit liegt darin, den Schneidenzustand dauernd und sorgfältig zu beobachten. In der Abb. 20 sind drei mit Hartmetall besetzte Schlagbohrer mit Einfachmeißelschneiden nebeneinandergestellt. Von links nach rechts ist der erste neu geschärft, der zweite hat einen Zustand, in dem er nachgeschliffen werden sollte, während der dritte zu weit abgebohrt worden ist. Die Beanspruchung der Schneide auf Verschleiß wächst mit dem Quadrat des Durchmessers, weil das Bohrloch kreisförmig ist. Die Schnei-

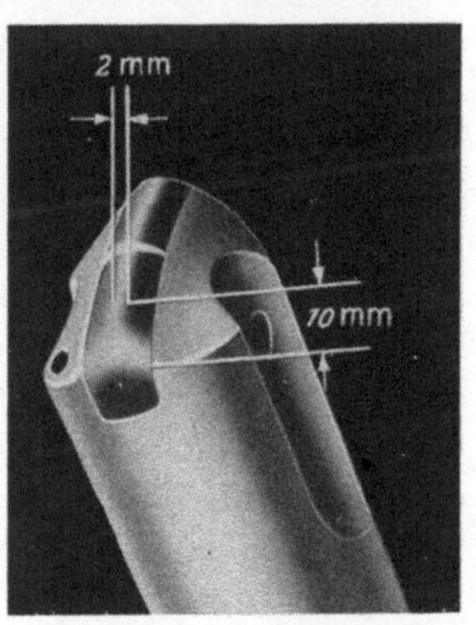

Abb. 21. Verschleißfasenbreite (Werkfoto Wallram).

den müssen also außen sehr viel mehr Gestein wegschlagen als in der Mitte, so daß auch außen der größere Verschleiß auftritt. Die Abbildung läßt das deutlich erkennen, indem die Verschleißfase von der Mitte nach außen an Breite zunimmt. Man kann also auch nicht eine bestimmte Verschleißfasenbreite als Maß für den Zeitpunkt des Nachschleifens angeben, sondern muß sich darauf beschränken, die Breite an einem bestimmten Punkt, z. B. auf $^2/_3$ des Durchmessers, anzugeben. Ist die Abplattung bzw. Abrundung an dieser Stelle auf ein Maß von 1,5···2 mm gekommen,

so ist es Zeit, die Schneide aus dem Betrieb zu nehmen und nachzu-
schleifen. Die Abb. 21 läßt dieses Maß deutlich erkennen.

Es sind Versuche durchgeführt worden, die das Ziel hatten, festzustellen, ob die Gesamtlebensdauer einer Bohrkrone größer wird, wenn man
häufig nachschleift und nach jedem Nachschleifen nur einen geringen
Verschleiß zuläßt. Zum Vergleich steht dann die andere Arbeitsweise,
daß sehr lange gebohrt und eine große Stumpfung herbeigeführt wird, ehe
man nachschleift. Es wird dann zwar weniger häufig geschliffen, aber bei
jedem Schleifen so viel Material weggenommen, um die richtige Schneidenform wiederzugewinnen, daß damit die Gesamtlebensdauer der Bohrkrone kleiner wird. Es kommt hinzu, daß die auf die letztere Weise sehr
stumpf werdenden Kronen eine geringe Bohrgeschwindigkeit haben und
daher Mehrkosten an Lohn und Energie erfordern.

Die Beobachtung der Schneide auf diese Gesichtspunkte hin ist verhältnismäßig einfach, weil im Bergbau die Bohrlöcher nur 2···2,5 m tief
werden, dann muß der Bohrer gezogen werden und die Schneide kann
hinsichtlich ihres Verschleißzustandes beurteilt werden. Die Zeitdauer
bis zum Nachschärfen, in Meter Bohrloch ausgedrückt, bewegt sich je
nach der Gesteinshärte zwischen 5 und 30 m, so daß die Schneide fast nie
schon nach einem Bohrloch stumpf ist.

Hat man auf diese Weise den Zeitpunkt des rechtzeitigen Nachschleifens erkannt, so muß man die Bohrkrone von der Bohrstange lösen. Man
wird häufig feststellen, daß durch die vielen tausend Schläge des Bohrhammers, die während dieser Zeit durch den Konus hindurchgegangen
sind, die Bohrkrone fest auf der Stange sitzt. Das Lösen mit einem
Schraubenschlüssel, das bei einer Gewindeverbindung verhältnismäßig
leicht zum Ziele führt, kann hier nicht mehr helfen. Man muß die Bohrkrone durch Schläge von der Stange trennen. Es wäre gänzlich verkehrt,
die Bohrkrone etwa auf die Gleise der Grubenbahn zu legen und mit
Hammerschlägen den Schaft ringsherum zu bearbeiten. Damit kann
man zwar die Bohrkrone lösen, doch nur unter einer Deformation des
Kronenschaftes. Beim Aufstecken nach dem Schleifen paßt dann die
Krone nicht mehr richtig, was zu den schon früher beschriebenen Unzu-
träglichkeiten führt. Man muß daher die Schläge in der Richtung führen
wie man auch die Krone lösen will. Da aber der Bohrkronenhals viel zu
schmal ist, kann man ihn durch Hammerschläge nicht richtig treffen.
Zu dem Zweck haben sämtliche Lieferanten von Bohrkronen Abschlagvorrichtungen für ihre Fabrikate entwickelt und bieten dieselben zum
Kauf an. Eine einfache Vorrichtung dieser Art zeigt die Abb. 22. Eine
zweiteilige Hülse ist so geformt, daß sie sich hinter den Hals der Bohrkrone legt. Sie wird durch einen Ring zusammengehalten, während die
Schläge eines Handhammers gegen den großen Teller geführt werden.
Dadurch wird die Schlagenergie gleichmäßig auf die Auflagefläche an der

Bohrkrone übertragen, so daß diese, selbst wenn sie nur einen schmalen Ring darstellt, nicht beschädigt wird. Die folgende Abb. 23 zeigt eine änliche Abschlagvorrichtung einer anderen Firma im Gebrauch. Man

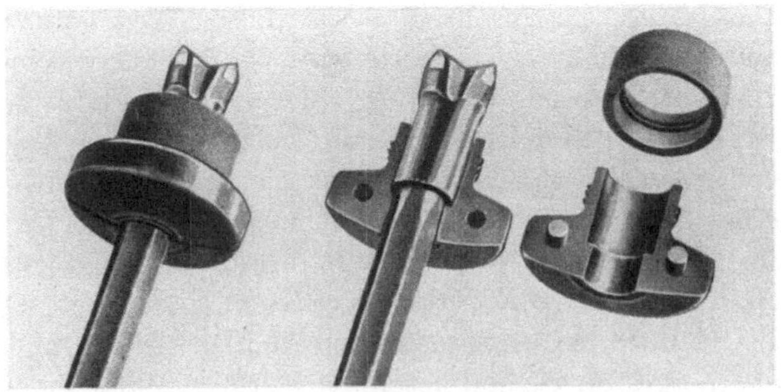

Abb. 22. Abschlagvorrichtung (Werkfoto Demag).

erkennt, daß der Bedienungsmann einen Fuß auf die Bohrstange setzt und sie damit festhält, während der Schlag mit einem schweren Hammer gegen die Vorrichtung geführt wird. Ist die Krone abgeschlagen, so wird sie in diesem Falle in dem haubenförmigen Ring, der vorn aufgeschraubt ist, festgehalten und kann leicht wiedergefunden werden, was sonst in den dunklen Streckenvortrieben der Zechen, die häufig große Wasserpfützen zeigen, nicht gut möglich ist. Die Benutzung solcher Abschlagvorrichtungen ist dringend anzuraten.

Abb. 23. Abschlagvorrichtung im Gebrauch
(Werkfoto Flottmann).

b) Das Nachschleifen. Das Nachschleifen kann auf zweierlei grundsätzlich verschiedene Art und Weise geschehen. Entweder wird auf einfachen Schleifböcken freihändig nachgeschliffen, und der richtige Schneidenwinkel sowie die richtige Schneidenwölbung werden durch Lehren nachgemessen, oder man benutzt Schleifmaschinen mit automatischer Beistellung, durch die die richtigen Maße des Schneidenwinkels und der Schneidenwölbung selbständig erreicht werden. In beiden Fällen ist es zweckmäßig, eine besondere Schleifwerkstatt einzurichten, und den vom früheren Stahlbohren her vorhandenen Gezäheschmied sorgfältig für das Nachschleifen von Hartmetall-Gerät anzulernen. Lieferanten von Hartmetall-Bergbaugezähe sind schon im Interesse des guten Rufes ihrer Erzeugnisse gern bereit, Arbeiter der Zechen einige Tage lang in ihren Werkstätten im Nachschleifen zu schulen. Es erhebt sich die Frage, an welcher Stelle die Schleifwerkstatt auf der Zeche eingerichtet werden soll. Vielfach wird man einen Raum von der Werkstatt übertage abgrenzen und für diesen Zweck einrichten können. Ist man jedoch in der Lage, eine Werkstatt untertage einzurichten, so ist dieser Weg vorzuziehen [17]. Es können in dem Fall Transportkosten gespart werden, was insbesondere dann von Wichtigkeit ist, wenn sog. Monoblocs benutzt werden, bei denen das Hartmetall unmittelbar in die Bohrstange eingelötet ist.

Je nach der Anzahl der täglich nachzuschleifenden Bohrkronen kommt man mit einer Schleifmaschine aus oder braucht mehrere. POHL berichtet, daß ein gut eingearbeiteter Mann acht ordnungsgemäße Schliffe pro Arbeitsstunde bei Schlagbohrern mit Kreuzschneide leistet. Dieser Wert läßt sich bei Einfachmeißelschneiden auf 12 Stück pro Stunde steigern. Als Antriebsenergie für Schleifmaschinen wird zweckmäßig Elektrizität verwendet, die übertage vorhanden ist und untertage in der Nähe des Schachtes ebenfalls keine Schwierigkeiten in der Zuleitung macht. Es muß aber geprüft werden, ob Elektromotoren in der Grube benutzt werden dürfen. Anderenfalls müßte mit Druckluft gearbeitet werden, doch ist diese Energieform wesentlich teurer.

Nachschleifen von Hand. Für das Nachschleifen von Hand genügen handelsübliche Schleifböcke, deren Motor in der Mitte untergebracht ist und die auf beiden Seiten Schleifscheiben tragen. Einige Lieferwerke für Hartmetall-Schlagbohrkronen bieten auch eigens für diesen Zweck konstruierte Druckluft-Schleifmaschinen an. An Schleifscheiben dürfen nur die grüngefärbten Siliziumkarbid-Scheiben verwendet werden, die für das Nachschleifen von Hartmetall angefertigt werden. Es empfiehlt sich, auf den Schleifmaschinen zwei verschiedene Schleifscheiben anzubringen, wobei die eine für Vorschliff, die andere für Nachschliff verwendet wird. Die Vorschliffscheibe soll eine Körnung von 46···60 und eine Härte von L bis N haben. Als Nachschliffscheiben haben sich feine Scheiben mit der Körnung 80 bis 100 bewährt, die weich sind, und zwar mit der Härtebezeichnung I oder K. Die Schleifscheiben sollen nicht zu klein sein, weil sonst bei dem großen Verbrauch an Hartmetall-Schleifscheiben der einzelne Schliff zu teuer wird. Es werden für Zwecke des Handschliffs Scheiben von 300 mm $\varnothing$ und 30 mm Dicke vorgeschlagen [17]. Solche Scheiben halten 150···180 Nachschliffe aus. Die Umfangsgeschwindigkeit der Schleifscheiben soll 25 m/sec nicht unterschreiten.

Beim Nachschleifen muß dafür gesorgt werden, daß die Dachform der Schneide wieder hergestellt wird und den vorgeschriebenen Schneidenwinkel erhält. Das Nachprüfen des richtigen Schneidenwinkels ist bei Handschliff durch eine einfache Blechlehre möglich, wie sie in der Abb. 24 dargestellt ist. Gleichzeitig kann die Lehre dazu dienen, die Schneidenwölbung wieder herzustellen, die dadurch verloren gegangen ist, daß beim

Bohren am äußeren Rand der Schneide mehr Hartmetall-Verschleiß vorhanden ist als in der Mitte. Die Schneidenwölbung soll während der ganzen Lebensdauer der Bohrkrone dieselbe bleiben. Es geht nicht an, daß nur der Schneidenwinkel nachgeschärft wird. Dadurch würde im Laufe der Zeit die Bohrkrone einen viel zu kleinen Schneidenradius bekommen und am äußeren Durchmesser verbraucht sein, während in der Mitte die Hartmetall-Plättchen noch eine bedeutende Höhe haben. Man muß also so schleifen, daß in der Mitte mehr Hartmetall weggenommen wird als der Schneidenabstumpfung entspricht. Dagegen kann außen eine kleine Fase an der Schneidenkante stehen bleiben. Es hat sich als zweckmäßig erwiesen, die Schneide auch in der Mitte, wo sie bei diesem Nachschliffverfahren messerscharf wird, absichtlich wieder abzustumpfen.

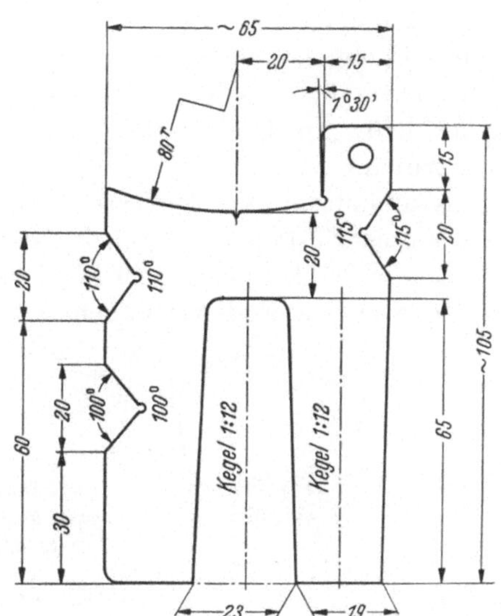

Abb. 24. Lehre für das Nachschleifen.

Es genügt, wenn man eine kleine Fase hervorruft, was von Hand durch einen Abziehstein geschehen kann, wie es aus der Abb. 25 ersichtlich ist. Statt eines Abziehsteines kann man auch die Reste verbrauchter Feinschliffscheiben benutzen.

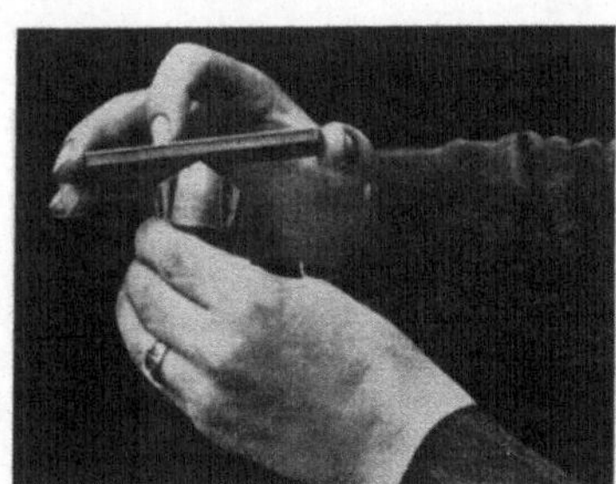

Abb. 25. Abziehen der Schneide
(Werkfoto Demag).

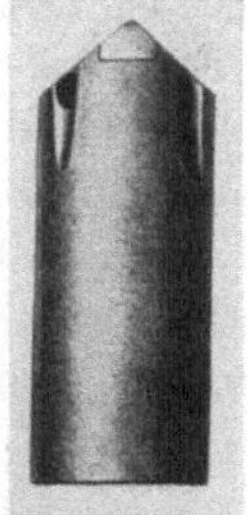

Abb. 26. Falsch geschliffene
Schneide (Werkfoto Demag).

Ein Fehler kann beim Nachschleifen vorkommen, wenn die Bohrkrone so an die Schleifscheibe geführt wird, daß ein Hohlschliff entsteht. Ein Beispiel dazu ist in der Abb. 26 dargestellt. Es ist leicht einzusehen, daß auf diese Weise der Schneidenwinkel viel zu spitz wird, was in harten Gesteinen zum frühzeitigen Bruch führen muß.

Wichtig ist es, den Freiwinkel zwischen Schneidenecke und Schaft der
Krone einzuhalten, der im Neuzustand eine Größe von 3···5° hat. Es
muß also auch am äußeren Umfang nachgeschliffen werden. Beobachtungen des Verfassers, die sich über 6000 m Bohrloch in einem harten
Siegerländer Gestein beziehen, zeigten, daß Hartmetall-Brüche immer
dann vorkommen, wenn außen nicht richtig geschliffen worden war, was
sich nachträglich aus dem Verschleißwert in mm pro Meter Bohrloch feststellen ließ. Auch den richtigen Freiwinkel kann man mit der Lehre
nachprüfen.

Es kommt vor, daß der Seitenverschleiß der Hartmetall-Schneiden in
bestimmten Gesteinen so groß ist, daß die Bohrkrone zylindrisch wird
und der Freiwinkel nicht mehr herzustellen ist, ohne daß das Hartmetall
der Höhe nach zu Ende verbraucht wäre. Voss [18] macht für diesen Fall

Abb. 27. Verschiedene Schleifmethoden.

den Vorschlag, die Bohrkronen auf ihrer ganzen Länge konisch abzu-
drehen, so daß der Freiwinkel von 3° wieder vorhanden ist. Wird dabei
der Kronenhals zu dünn, so können die Kronen bedenkenlos gekürzt
werden. Es ist damit möglich, solche Kronen, die bereits eine gewisse
Anzahl von Bohrmetern hinter sich haben, wieder verwendbar zu machen
und ihre Lebensdauer zu steigern.

Eine andere Möglichkeit, den zu großen Seitenverschleiß auszuglei-
chen, ist in der obigen Abb. 27 nach einem Vorschlag des Verfassers
[19] gezeigt. Durch verschiedene Stricharten ist der Zustand der Bohrkrone vor dem Bohren, nach dem Bohren und nach dem Nachschleifen
kenntlich gemacht. In allen 3 Skizzen ist der Verschleiß in gleicher Weise
angenommen, so daß die stark ausgezogenen Linien dasselbe Bild bieten.
Man kann nun so nachschleifen, daß entweder wenig von der Seite und
viel von der Höhe des Hartmetall-Plättchens weggenommen wird, so daß
die ursprünglich scharfe Ecke wieder vorhanden ist. Durch eine solche
Schleifart, wie sie links dargestellt ist, wird der Durchmesser geschont
und mehr von der Plättchenhöhe verbraucht. Oder man kann so schleifen
wie es im rechten Teil des Bildes gezeigt ist. Hier wurde viel an der Seite
geschliffen und wenig an der vorderen Schneide. Diese Schleifart wird

man in einem Gestein anwenden, das die Schneiden stärker der Höhe nach beansprucht, während das vorher beschriebene Schleifverfahren dort zweckmäßig ist, wo viel Seitenverschleiß beim Bohren auftritt. Auf diese Weise kommt man dazu, mit derselben Form der Hartmetall-Plättchen sowohl in der einen als auch in der anderen Gesteinsart mit bestem Erfolg zu bohren, der sich dadurch ausdrückt, daß die Hartmetall-Plättchen möglichst weitgehend ausgenutzt werden können, mit anderen Worten, daß die Lebensdauer der Bohrkronen am größten wird. Es ist durch Beobachtung in dem Gestein, in dem man gerade zu bohren hat, schnell möglich festzustellen, ob ein größerer Höhen- oder ein größerer Seiten-verschleiß eintritt. Dadurch daß man das Schleifverfahren dem Gestein anpaßt, ist es möglich, immer mit derselben Form der Hartmetall-Plätt-chen in den Bohrkronen auszukommen. Die Forderung an die Hersteller-werke, Spezialschneiden mit größerer Breite und kleinerer Höhe der Plättchen oder umgekehrt herzustellen, erübrigt sich damit. Die Fabriken sind in der Lage, Großserien mit Durchschnittsmaßen herzustellen, die rationell gefertigt werden und billig sein können. Umgekehrt würden Sonderanfertigungen erhöhte Preise zur Folge haben.

Das Nachschleifen muß unter starker Wasserspülung geschehen. Das ist deswegen nötig, weil das Hartmetall keine örtlichen Überhitzungen vertragen kann, wie sie beim Schleifen auftreten. Ehe diese großen Tem-peraturunterschiede zu Schleifrissen im Hartmetall führen, muß die ent-stehende Wärme durch einen kräftigen Wasserstrahl abgeführt werden, der von oben her so gelenkt werden muß, daß er auch die Stelle trifft, an der geschliffen wird. Es genügt keinesfalls, Wasser tropfenweise auf die Schleifscheibe zu bringen oder die Schleifscheibe in Wasser eintauchen zu lassen, das sie mit herumreißt. Die feinen Haarrisse, die sich bei unsach-gemäßem Schleifen bilden und netzförmig über die ganze Oberfläche aus-breiten, sind mit bloßem Auge nicht zu erkennen. Der Fehler zeigt sich erst, wenn mit derartig mißhandelten Schneiden gebohrt wird und nach einigen Bohrmetern Hartmetall-Ausbrüche vorkommen.

Trotz der Wasserkühlung wird die Bohrkrone beim Schleifen heiß. Um eine zu große Erwärmung zu vermeiden, ist es daher zweckmäßig, die erste Krone nur z. T. fertigzuschleifen und dann beiseite zu stellen, während eine zweite vorgenommen wird. Hat sich dann die erste Krone genügend abgekühlt, so wird sie zu Ende geschliffen.

Macht das richtige Anfassen der Kronen und das Heranführen an die Schneide Schwierigkeiten, so kann man sich helfen, indem die Krone auf einen Kegeldorn von 20$\cdots$30 cm Länge gesteckt wird. Auch das Nach-schleifen von Monoblocs mit eingelöteter Schneide gelingt nach einiger Übung aus freier Hand, ohne daß man die langen Stangen sehr weit schwenken muß, wenn man die Schneide während des Schleifens gering-fügig dreht.

Nach längerem Gebrauch werden die Hartmetall-Kronen so klein, daß die Bohrmehlabführungsrillen verschwinden. Man muß dann auf einer normalen Korundscheibe diese Rillen nachholen und vertiefen, weil die richtige Bohrmehlabführung von ausschlaggebendem Erfolg für das Bohren ist. Ebenfalls muß darauf geachtet werden, daß evtl. zugeschlagene Spüllöcher in der Schleiferei wieder aufgebohrt werden.

Maschinelles Nachschleifen. Nachdem während der jahrzehntelangen Entwicklungszeit des schlagenden Hartmetall-Bohrens fast ausschließlich von Hand nachgeschliffen worden ist, sind in den letzten Jahren einige Spezialmaschinen für diesen Zweck entwickelt worden. Es ist zweifelsfrei, daß durch Benutzung von Vorrichtungen und zwangsläufiger Führung der Schneiden beim Schleifen mit Sicherheit der richtige Schnei-

Abb. 28. Bohrkronen-Schleifmaschine (Werkfoto Eickhoff).

denwinkel, die richtige Schneidenwölbung und der Freiwinkel außen eingehalten werden. Jahrelang haben Befürchtungen bestanden, daß durch die automatische Beistellung das Gefühl des Bedienungsmannes für den Schleifdruck verloren gehen würde, und daß dann bei zu starkem Andruck trotz reichlicher Wasserspülung Schleifrisse auftreten könnten. SCHWAGER [20] berichtet aufgrund ausführlicher Untersuchungen auf einer Zeche, daß sich diese Befürchtungen nicht bewahrheitet haben. Es wird ferner nachgewiesen, daß durch mechanisches Schleifen eine größere Anzahl von Nachschliffen erreicht werden kann als beim freihändigen Schleifen. Daraus ergibt sich die Regel, daß man bei Benutzung von derartigen Schleifmaschinen häufiger nachschleifen soll, und daß zwischen jedem Nachschliff die Anzahl der Bohrmeter nicht allzu groß werden darf. In der Abb. 28 ist der obere Teil einer solchen Schleifmaschine dargestellt, wie sie von der Fa. Eickhoff/Bochum gebaut wird. Man erkennt die Vorrichtungen, die in diesem Fall für das Nachschleifen der Schneide auf der

Topfscheibe und für das Nachschleifen des Freiwinkels an der Stirnseite aufgebaut sind. Die Bohrkronen werden zu diesem Zweck an den Schleifscheiben vorbeigeschwenkt bzw. vorbeigedreht. Dieselbe Maschine kann mit anderen Hilfseinrichtungen auch für das Nachschleifen von Drehbohrschneiden und Schrämmeißeln benutzt werden. Eine ähnliche Maschine wird auch von der Fa. Bielemeyer in Menden hergestellt. Beide Bauarten haben sich bereits in vielen Exemplaren auf Zechen des Ruhrgebietes bewährt. Ein großer Vorteil bei ihrer Benutzung liegt darin, daß man nicht mehr mit Hilfe von Lehren den richtigen Schliff nachzuprüfen braucht. Es ist wesentlich, daß der Erfolg der maschinellen Schleifeinrichtungen mit automatischer Beistellung sich einstellte, als man mit der Schleifgeschwindigkeit auf 12 m/sec herabging.

Abb. 29. Bohrstangen-Schleifmaschine (Werkfoto Bielemeyer).

In einer weiteren Veröffentlichung [21] wird darauf hingewiesen, daß durch mechanisches Schleifen der Verlust kleiner ist als beim Handschliff und damit die Lebensdauer der Bohrkronen vergrößert werden kann. Zwei Abbildungen in diesem Aufsatz zeigen in der Vergrößerung das saubere Aussehen der Fläche bei Vorschliff und Feinschliff.

Das Nachschleifen von Monoblocs auf Schleifmaschinen macht Schwierigkeiten, da die häufig langen Stangen schlecht zu handhaben sind. Die Fa. Bielemeyer hat zu diesem Zweck eine Bohrstangen-Schleifmaschine entwickelt, die grundsätzlich anders arbeitet. Wie die Abb. 29 zeigt, wird die Bohrstange fest eingespannt, während der Schleifmotor mit der Schleifscheibe geschwenkt wird. Dadurch wird die Schneidenwölbung erzielt. Der Schneidenwinkel ist durch Verstellen der Neigung des Schleifmotors zu verändern. Die Beistellung wurde zunächst in der Weise vorgenommen, wie hier im Bild gezeigt, daß nämlich der Motor senkrecht gehoben wurde. Die Maschine ist jedoch inzwischen insofern geändert worden als die Beistellung jetzt in Richtung der Achse des Schleifmotors erfolgt. Auch die Firmen Flottmann und Böhler haben inzwischen einfache Maschinen für das Nachschleifen von Monoblocs gebaut.

Es sind auch Versuche durchgeführt worden, um festzustellen, ob mit einem größeren Feinheitsgrad des Nachschliffs die Haltbarkeit der Bohrerschneide größer wird. Die Fa. Eickhoff hat zu diesem Zweck eine eigene Läppmaschine gebaut, über deren Einsatz in dem erwähnten Auf-

satz von S\textsc{chwager} berichtet wird. Danach wurde die Standdauer der
Schneide durch Läppen erhöht, jedoch kommt man aus, wenn man nur
bei jedem zweiten Nachschliff anschließend läppt. Es wird nachgewiesen,
daß die durch das Läppen entstehenden Kosten nicht so groß sind, wie
die Einsparung, die sich durch Verlängerung der Standzeit ergibt, so daß
die Anschaffungskosten der Läppmaschine bereits nach wenigen Monaten
erwirtschaftet werden können.

5. Wirtschaftlichkeitsfragen.

Wirtschaftlichkeitsberechnungen sind vergleichende Kostenrechnungen. Will man die Gesamtkosten zweier verschiedener Arbeitsverfahren
miteinander vergleichen, so muß man alle auftretenden Einzelkosten
berechnen und einander gegenüberstellen. Im Zusammenhang mit Hartmetall-Schlagbohrern können als Wirtschaftlichkeitsfragen auftreten: die
Kosten beim Bohren mit Stahlschneiden gegenüber dem Bohren mit
Hartmetall-Schneiden oder die Kosten, die beim Bohren mit einem einfachen Gerät, Bohrhammer mit Preßluftstütze, entstehen gegenüber denjenigen, die auftreten, wenn man mit Bohrwagen und schweren Hammerbohrmaschinen und den dazugehörigen andersgeformten Hartmetall-
Schneiden bohrt. Schließlich können die Kosten des schlagenden Bohrens im Gegensatz zum drehenden Bohren interessieren oder — auf
eine Einzelheit bezogen — die Bohrkosten bei Verwendung von Kreuzschneiden mit denjenigen verglichen werden, die bei der Verwendung
von Einfachmeißelschneiden entstehen.

a) Kostenschema. Es ist zweckmäßig, die Gesamtkosten bei jedem
dieser Verfahren in eine Reihe von Einzelkosten zu unterteilen, die bequem
zu übersehen und leicht zu ermitteln sind. Es entsteht ein einfaches
Schema, nach dem die Gesamtkosten gefunden werden aus Kapitalkosten,
Instandhaltungs- und Reparaturkosten, Materialverbrauch, Energiekosten, Lohnkosten und Transportkosten. Innerhalb der einzelnen
Kostenarten muß man Unterschiede machen bei der Ermittlung der
reinen Bohrkosten und derjenigen, die beim Nachschärfen der Schneide
entstehen. Als Bezugsgröße, auf die man die einzelnen Kosten umlegt,
wird zweckmäßigerweise 1 m Bohrloch genommen unter der Voraussetzung, daß bei den beiden Verfahren, die verglichen werden, dieselbe
Bohrlochtiefe und dieselbe Anzahl von Bohrlöchern pro Abschlag auftritt.

Wird bei den beiden verglichenen Verfahren nicht nach demselben
Bohrschema gearbeitet, sondern werden beispielsweise andere Bohrlochtiefen durch Verwendung von Hartmetall erreicht, so kommt noch eine
Reihe weiterer Kostenarten hinzu, die unterschiedlich gewertet werden
müssen, wie z. B. Sprengstoffkosten, Kosten für Aufsicht und Bewetterung, die auf die Zeit bezogen werden müssen.

Handelt es sich darum, die Kosten des vorhandenen Gerätes zu ermitteln, mit dem bereits gearbeit wird, so ergeben sich keine besonderen Schwierigkeiten. Dagegen ist die Vorausbestimmung der Kosten bei der Benutzung eines Gerätes, das man erst einführen will, schwierig. Angaben aus der Literatur lassen sich nicht ohne weiteres übertragen. Es sollen daher im folgenden die Gesichtspunkte besprochen werden, die bei der Ermittlung der Einzelkosten eine Rolle spielen.

Kapitalkosten. Die Kapitalkosten setzen sich zusammen aus Abschreibung und Verzinsung. Sie werden gemeinsam nach der Rentenformel berechnet:

$$r = a \cdot q^n \cdot \frac{q-1}{q^n-1} \quad \text{und} \quad q = 1 + \frac{p}{100}.$$

In diesen Gleichungen bedeuten:

a = Anschaffungspreis in DM
n = Lebensdauer der Maschine in Jahren
p = Zinssatz in %
r = Abschreibung und Verzinsung in DM pro Jahr.

Der Anschaffungspreis ist aus Rechnung oder Angebot bekannt, für die Lebensdauer der Maschine hat man Erfahrungswerte, die für Bohrhämmer 3 Jahre und für Bohrwagen mit schweren Hammerbohrmaschinen 4 Jahre beträgt. Der Zinsfuß ist mit der Konjunktur veränderlich, doch kann er zwischen 4% und 6% angenommen werden. Die komplizierte Rechnung nach der Rentenformel vereinfacht sich durch Anwendung einer Tilgungsfaktorentafel, aus der man den Wert $q^n \cdot \frac{q-1}{q^n-1}$ in Abhängigkeit von der Tilgungsdauer und der Kapitalverzinsung entnehmen kann (vgl. Tabelle 1). Man braucht dann nur noch den Tilgungsfaktor

Tabelle 1. *Tilgungs-Faktoren-Tafel (zur Rentenformel).*

Tilgungsdauer in Jahren	Kapitalverzinsung zu			
	3%	4%	5%	6%
1	1,030	1,040	1,050	1,060
2	0,523	0,530	0,538	0,545
3	0,354	0,360	0,367	0,374
4	0,269	0,276	0,282	0,289
5	0,218	0,225	0,231	0,237
6	0,185	0,191	0,197	0,203
7	0,161	0,167	0,173	0,179
8	0,143	0,149	0,155	0,161
9	0,128	0,135	0,141	0,147
10	0,117	0,123	0,130	0,136
12	0,101	0,107	0,113	0,119
15	0,084	0,090	0,096	0,103

mit dem Anschaffungspreis zu multiplizieren und erhält damit die Kapitalkosten in DM pro Jahr. Diese können leicht in DM pro Arbeitstag und mit der Anzahl der täglich hergestellten Meter Bohrloch in DM pro Meter umgerechnet werden.

Folgendes Beispiel möge die Anwendung der Tabelle erläutern: Ein Bohrwagen kostet DM 16000,— und hält 4 Jahre lang. Das Kapital soll zu 5% verzinst werden. Damit wird der Tilgungsfaktor $m = 0{,}282$. Die Kapitalkosten errechnen sich zu $r = a \cdot m = 16\,000 \cdot 0{,}282 = 4520\,\mathrm{DM/Jahr}$. Mit 300 Arbeitstagen pro Jahr ergibt sich $4520 : 300 = 15{,}7\,\mathrm{DM/Tag}$. Werden weiter bei jedem Abschlag 20 Bohrlöcher zu je 2,5 m Tiefe hergestellt, und wird 1 Abschlag pro Tag gebohrt, so wird

$$\frac{15{,}7 \cdot 100}{20 \cdot 2{,}5} = 31{,}4 \ \frac{\mathrm{Pf}}{m} \ .$$

Ein Kostenvergleich, der sich auf Bohrverfahren bezieht, bei denen in beiden Fällen mit Bohrhämmern gearbeitet wird, braucht die Kapitalkosten nicht zu berücksichtigen, weil sie etwa gleich groß werden. Es ergibt sich also keine nennenswerte Differenz hieraus beim Vergleich der Gesamtkosten. Dagegen müssen aber bei einem Vergleich Bohrhammerbetrieb gegen Bohrwagenbetrieb die Kapitalkosten unbedingt berücksichtigt werden, weil der Bohrwagen mit etwa DM 16000,— Anschaffungspreis gegenüber dem von 300···400,— DM eines Bohrhammers = 1000,— DM für 3 Bohrhämmer eine erhebliche Rolle spielt. Es kommt hinzu, daß Bohrwagen mit schweren Bohrmaschinen nur richtig arbeiten, wenn sie einen hohen Luftdruck haben, der dann durch Zwischenkompressoren erzeugt werden muß, wodurch die Kapitalkosten für den Bohrwagen durch diejenigen des Zwischenkompressors noch etwa verdoppelt werden.

Außer den Maschinen werden auch Bohrstangen und Bohrkronen eingesetzt, deren Anschaffungspreis bekannt ist. Da jedoch die Lebensdauer des Bohrgezähes weit unter einem Jahr liegt, ist es nicht nötig, nach der Rentenformel zu rechnen, sondern man rechnet die Kosten für Materialverbrauch an Bohrstangen und Bohrkronen unmittelbar auf Meter Bohrloch um und stellt sie, da sie eine beträchtliche Höhe haben, als eigene Kostenart auf.

Instandhaltungs- und Reparaturkosten. Das sind solche Kosten, die durch die Pflege und Wartung der eingesetzten Maschinen entstehen. Auch diese Kosten sind bei Bohrhämmern nur gering, sollten aber bei genauen Berechnungen nicht vernachlässigt werden. Auch hier ergeben sich für größere Maschinen wie Bohrwagen und Zwischenkompressoren auch höhere Kosten. Unter Instandhaltungskosten sind nicht nur die Reparaturkosten nach gelegentlichen Gewaltbrüchen zu verstehen, sondern auch die Kosten, die durch den rechtzeitigen Einbau von Verschleißteilen entstehen. Die Vorausberechnung derartiger Kosten ist mit Erfahrungssätzen möglich, wobei die Instandhaltung in DM pro Jahr nach Prozentsätzen des Neuwertes der Maschine ausgerechnet wird. Für Bohrhämmer mit Bohrstützen kann man 15% des Anschaffungspreises als jährlich entstehende Kosten ansetzen, während diese Zahl bei Bohrwagen mit 20% etwas höher liegt und dann bei den hohen Anschaffungspreisen auch hohe Werte ergibt, die durchaus berücksichtigt werden müssen. Bei DM 16000,— Anschaffungspreis für einen Bohrwagen würden unter den vorher angenommenen Bedingungen bei 20% Instandhaltungskosten $16000 \cdot 0{,}2 = 3200$ DM/Jahr nötig sein, was auf $300 \cdot 50$ Bohrmeter umgelegt 21,4 Pf/m ergibt.

Materialverbrauch. Material wird beim Bohren in Form von Hartmetall-Bohrkronen und Bohrstangen verbraucht, während beim Nachschärfen ein Verbrauch von Schleifscheiben eintritt. Auch bei dem Bohrverfahren mit angeschmiedeten oder aufgeschraubten Stahlschneiden, das zum Vergleich steht, tritt ein Verbrauch an Bohrstangen und Bohrkronen auf.

Um die Kosten des Materials in DM pro Meter Bohrloch zu ermitteln, ist es notwendig, die Lebensdauer von Bohrstangen und Bohrkronen in Meter Bohrlochlänge zu ermitteln. Zu diesem Zweck ist eine genaue Überwachung des Bohrbetriebes notwendig. Über diesen Punkt ist mehrfach durch Praktiker in der Literatur berichtet worden. Es soll hier auf die Arbeiten von LEIBOLD [22], POHL [23] und HYMMEN [24] hingewiesen werden. Sie verlangen, daß die Bohrmeter, die jede einzelne Bohrkrone in jeder Schicht gebohrt hat, und der Durchmesser vor und nach dem Schleifen festgehalten werden. Zu dem Zweck wird die Anlage von Tabellen vorgeschlagen, die hier übernommen werden. Zunächst erhält jeder Schlagbohrer eine Nummer, die auf dem Schaft eingeschlagen wird. Die Bohrkronen-Nummern sind die Grundlage für die einzelnen Zahlentafeln. Der Ortsälteste oder der Gesteinssteiger hat den „Bohrmeter-Rapport" zu führen (Tabelle 2), auf dem außer den Bohrkronen-Nummern und

Tabelle 2. Bohrmeterrapport.

Datum	Name des Hauers	Marken-Nr. des Empfängers	Betriebspunkt	Gestein	Zahl der Bohrkronen	Nr. der Bohrkrone	Zahl der Bohrlöcher	Bohrmeter	Bemerkungen
27. 7. 53	S.	432	N, 2 Süd	Sandstein Finefrau Liegendes	2	55 57	6 8	9 8	1,5 m Stange abgebr. Krone verloren
	W.	237	B, 4 Süd	Sandstein	3	230 231 232	5 6 4	7 9 8	Krone zu eng klemmt

Bohrmetern jeder Krone noch der Betriebspunkt und die Gesteinsart eingetragen werden können. Eine zweite Karteikarte wird in der Schleiferei unter der Bezeichnung „Schleifliste" geführt (Tabelle 3). In ihr soll neben jeder Kronen-Nummer der Schneidendurchmesser vor und nach dem Schliff eingetragen werden. Die Angaben beider Karten werden im Büro auf das „Schneidenstammblatt" (Tabelle 4) übertragen. Hier findet die Auswertung statt. Man kann die Gesamtlebensdauer in Bohrmetern bis zum Verbrauch feststellen und den Verschleiß des Hartmetalls beim Bohren und beim Schleifen unterscheiden. Schließlich kann in einer Übersicht (Tabelle 5) die Leistung aller Hartmetall-Bohrkronen der Grube in monatlichen Abständen zusammengefaßt und die Durchschnitts-

Tabelle 3. *Schleifliste.*

Datum	Name des Schleifers	Nr. der Bohrkrone	Schneidendurchmesser vor dem Schliff mm	nach dem Schliff mm	Bemerkungen
28. 7. 53	M.	55	32,4	32,3	
		230	36,1	35,9	
		231	30,7	30,7	
		232	27,8	—	Krone verbraucht

Tabelle 4. *Schneidenstammblatt.*

Bohrkrone Nr.	gebohrt am	Bohrmeter	Schneidendurchmesser vor dem Bohren mm	nach dem Bohren mm	Durchmesser-Verlust durch Bohren mm	Schleifen mm	Bemerkungen
55	14. 7. 53	9	36,0	35,7	0,3	0,1	
	15. 7. 53	8	35,6	35,4	0,2	0,2	
	17. 7. 53	9	35,2	34,8	0,4	0,1	
	18. 7. 53	7,5	34,7	34,4	0,3	0,1	
	21. 7. 53	8,8	34,3	33,8	0,5	0,2	
	23. 7. 53	6,3	33,6	33,4	0,2	—	
	24. 7. 53	10	33,4	32,9	0,5	0,2	
	27. 7. 53	8	32,7	32,4	0,3	0,1	
			32,3				

Tabelle 5. *Leistung der Schlagbohrkronen.*

Jahr	Monat	Anzahl der eingesetzten Bohrkronen	Gesamtzahl der gebohrten Meter	Durchschnittsleistung je Bohrkrone
1953	Januar	145	15320	105,8
	Februar	132	12992	98,7
	März	141	15220	109,4
	April	152	16608	110,3

leistung je Bohrkrone errechnet werden. Für Forschungszwecke kann man auch den Höhenverschleiß mit besonderen Vorrichtungen messen, wie sie beispielsweise von DORSTEWITZ [25] beschrieben worden sind.

Allgemein gültige Zahlen in DM pro Meter für den Verbrauch von Bohrkronen können nicht angegeben werden, da sehr stark wechselnde Einflüsse wirksam sind. Vor allem ist hier die Bohrbarkeit des Gesteins zu nennen, die mit dem Begriff der Gesteinshärte nur sehr unvollkommen gekennzeichnet ist. Ferner spielt die Schneidenform und der verwendete Bohrhammer eine große Rolle. Über die Gesteinshärte soll bei den Energie- und Lohnkosten noch gesprochen werden, weil dabei die Bohrgeschwindigkeit ausschlaggebend ist, die ebenfalls stark vom Gestein abhängig ist. Es kann aber hier schon vorweggenommen werden, daß die Lebensdauer der Bohrkronen mit zunehmender Gesteinshärte abnimmt, insbesondere wenn bei Hartgesteinen Bestandteile wie Quarz vorhanden sind, die sowohl gehärteten Stahl als auch Hartmetall angreifen. Berichte aus der Praxis, die in zahlreichen Literaturstellen angegeben sind [5, 22, 24, 26, 27, 28, 29, 30, 31, 32], erwähnen Lebensdauern, die zwischen 20 und 500 m je Bohrkrone liegen. Es ist aber nicht möglich, die voraussichtliche Lebensdauer für ein Gestein im voraus anzugeben. Man ist dazu auf Versuche angewiesen, die die sichersten Ergebnisse liefern, wenn man einige Bohrkronen bis zu Ende abbohren kann. Kann man jedoch nur in Stichproben einige Meter bohren, so muß man wenigstens so weit kommen, daß man die verwendeten Schneiden bis zum ersten Nachschleifen abbohrt. Aus diesem Versuch kann man nach genauer Messung des Durchmesserverschleißes mit der Mikrometerschraube und einer Schätzung des Schleifverlustes zur Errechnung der Gesamtlebensdauer kommen. Dabei legt man den gesamtmöglichen Durchmesserverbrauch zwischen der Schneide im Neuzustand und dem Durchmesser im Endzustand, der gleich dem Schaftdurchmesser ist, zugrunde. Hat man nach 7,5 m Bohrloch einen Seitenverschleiß von 0,4 mm gemessen und schätzt den Schleifverlust auf 0,1 mm, so verliert die Krone 0,5 mm auf 7,5 m Bohrloch. War sie im Neuzustand 36 mm breit und hat der Schaft einen Durchmesser von 28 mm, so können 8 mm verbraucht werden. Damit sind 8 : 0,5 = 16 Schliffe möglich, d. h. ohne den ersten Schliff des Herstellers 15 Nachschliffe in der Zechenwerkstatt. Die zu erwartende Lebensdauer ist 16 · 7,5 = 120 m Bohrloch.

Außer vom Gestein her wird die Lebensdauer der Bohrkrone auch durch die Schlagarbeit und Schlagzahl des verwendeten Bohrhammers beeinflußt. Zahlreiche Beobachtungen aus der Praxis des Bohrbetriebes gehen auf diesen Punkt ein; jedoch ist keine Einheitlichkeit der Auffassungen festzustellen. In früheren Jahren herrschte die Meinung vor [33], daß ein leicht- und schnellschlagender Bohrhammer den geringsten Hartmetall-Verschleiß hervorbringt und damit zur größten Lebensdauer der Bohrkrone, ausgedrückt in Meter Bohrloch, führt. Hierbei wurde die Gesamtmeterzahl einer größeren Anzahl von Bohrkronen gemessen und ein Durchschnittswert gebildet. Eingeschlossen waren also auch Bohrkronen, die aufgrund von Herstellungsfehlern vorzeitig zerbrachen, ohne daß das Hartmetall verbraucht war. Nachdem in neuerer Zeit die Qualität des Hartmetalls und der Lötung der Kronen verbessert worden ist, halten die Bohrkronen auch der größeren Beanspruchung durch stärkerschlagende Bohrhämmer stand. Eine Veröffentlichung von DORSTEWITZ [25] aus dem Jahre 1950 schlägt einen anderen Weg der Beobachtung ein und legt als Kennzeichen des Verschleißes den Hartmetall-Verbrauch beim Bohren in Tausendstel mm (My) je Bohrmeter fest. Die Versuche geben jedoch kein einheitliches Bild über den Einfluß der Hammerbauart auf diesen Wert. In einer gleichzeitigen Veröffentlichung kommt JESCHKE [34] zu dem Schluß, daß die Bohrkosten durch Einsatz von Hochleistungsbohrmaschinen gesenkt werden könnten, was eine Erniedrigung der Gezähekosten durch geringeren Verschleiß einschließt. Auch Versuche des Verfassers mit verschieden starken Bohrhämmern deuten darauf hin, daß mit größerwerdender Schlagarbeit des Einzelschlages der Hartmetall-Verschleiß in My je Bohrmeter sinkt.

Auch Bohrstangen finden das Ende ihrer Lebensdauer nach einer gewissen Anzahl von Bohrmetern durch Dauerbruch. Diese Meterzahl muß im Betrieb ebenfalls genau festgehalten werden, so daß sich auch die Anlage einer Bohrstangenkarte empfiehlt, in die täglich die mit jeder Stange gebohrten Meter eingetragen werden. Man wird sich nicht immer darauf verlassen können, daß die Arbeiter diese Zahl mit der nötigen Genauigkeit feststellen. Es ist daher zweckmäßig, eine Aufsichtsperson damit zu betrauen. Damit steigen zwar die Kosten für die Aufsicht. Es wird jedoch durch richtige Anleitung der Arbeiter so viel an Material, Energie und Lohnkosten gespart, daß die Kosten für die Aufsicht demgegenüber zu ertragen sind.

Verwendet man Wallram-Bohrrohre, so ist zu berücksichtigen, daß der erste Dauerbruch noch nicht das Lebensende des Rohres bedeutet. Nach der einfachen Reparatur in eigener Werkstatt kann das Rohr wieder eingesetzt werden, wobei sich die Gesamtmeterzahl erhöht. Das ist möglich, weil sich bei kürzerwerdendem Rohr Schwingungsknoten und -bäuche verlagern, so daß der nächste Dauerbruch nicht so schnell zu erwarten ist.

Aus Anschaffungspreis für Bohrkronen und Bohrstangen und den mit möglichster Genauigkeit ermittelten Bohrmeterzahlen für Bohrkronen und Stangen lassen sich die Materialkosten leicht errechnen. Kostet z. B. eine Bohrkrone 40 DM und hat sie 120 Bohrmeter ausgehalten, so ergeben sich $\frac{40 \cdot 100}{120} = 33$ Pf/m. Dazu kommen die Kosten für Bohrstangen.

Eine Bohrstange von 2 m Länge kostet etwa 30 DM. Hält sie 120 m bis zum Bruch, so kommen noch $\dfrac{30 \cdot 100}{120} = 25$ Pf/m hinzu.

Stellt man zum Vergleich Kosten auch für das Bohren mit angeschmiedeten Stahlschneiden auf, muß man berücksichtigen, daß sowohl bei Bohren als auch beim Nachschärfen auf Schmiedemaschinen Material verlorengeht. Die Lebensdauer derartiger Bohrstangen ist im allgemeinen, ausgedrückt in Meter Bohrloch, sehr viel geringer als man annimmt (vgl. dazu unter „Das Bohrgerät" den Abschnitt „Bohrstangen").

Materialverbrauch tritt auch beim Nachschleifen von Hartmetall-Bohrkronen in Form von Schleifscheibenverschleiß auf. Angaben in der Literatur [17] geben hierzu Zahlen bekannt, die in Anzahl von Nachschliffen pro Schleifscheibe ausgedrückt werden. Da durch die vorhergehende Untersuchung der Lebensdauer von Bohrkronen auch der Wert Meter je Schärfung bekannt ist, kann man leicht den Schleifscheibenverbrauch in DM pro Bohrmeter errechnen, indem die Anzahl der möglichen Nachschärfungen pro Scheibe mit der Zahl der Bohrmeter je Schliff der Krone multipliziert wird. Für eine Schleifscheibe von 300 mm Durchmesser und 30 mm Breite wird eine Anzahl von 180 möglichen Nachschliffen angegeben. Kostet eine solche Scheibe beispielsweise 27 DM, so ergeben sich $\dfrac{27 \cdot 100}{180} = 15$ Pf/Schliff oder bei 7,5 m Bohrloch/ Schliff $\dfrac{15}{7,5} = 2$ Pf/m. Der allmähliche Verbrauch der Schleifmaschine muß ebenfalls in Form von Kapitalkosten berücksichtigt werden. Dabei wird wieder die Rentenformel angewendet.

Energiekosten. Energieverbrauch tritt beim Bohren und beim Nachschärfen auf. Der größere Wert ergibt sich beim Bohren. Da alle bisher betrachteten Kosten auf Meter Bohrloch bezogen wurden, müssen auch die Energiekosten auf diesen Wert umgelegt werden. Die Energie beim schlagenden Bohren wird in Form von Druckluft verbraucht. Es ist üblich, den Druckluftverbrauch von Bohrhämmern in m³ angesaugte Luft je Minute anzugeben. Es entsteht also die Aufgabe, festzustellen, wieviel m³ Luft je Meter Bohrloch verbraucht werden. Dazu muß durch Versuche die Bohrgeschwindigkeit, vielfach auch Bohrleistung genannt, bestimmt werden. Das ist mit Zollstock und Stoppuhr durchzuführen. Die in cm/min gemessene Bohrgeschwindigkeit läßt sich leicht in min pro Meter Bohrloch umrechnen, was mit dem Luftverbrauch des Hammers in m³/min multipliziert den gesuchten Wert m³ Luft je Meter Bohrloch ergibt. Man braucht dann nur noch den Preis der Druckluft zu wissen, der in DM je 1000 m³ angesaugte Luft angegeben wird und in Grenzen von 5···7 DM schwankt. Es ist wichtig, daß nicht die Luftkosten am Kompressor, sondern diejenigen am Bohrhammer eingesetzt werden, wobei Druck- und Mengenverluste zu berücksichtigen sind, die in den spe-

ziell im Bergbau vorhandenen langen Luftleitungen auftreten. Ist die
Luft in einem Zwischenkompressor nachverdichtet worden, so steigen die
Energiekosten erheblich an, weil dann der Preis für 1000 m³ auf den Ansaugezustand bezogener Luft sich auf etwa das Doppelte des oben genannten Wertes erhöht. Würde z. B. im Bohrversuch gemessen, daß
20 cm/min erreicht werden, so ergeben sich 100 : 20 = 5 min/m. Mit 3 m³
a. L. je min Luftverbrauch des Hammers findet man 5·3 = 15 m³ Luft je
Bohrmeter. Das entspricht bei einem Preis von 6 DM = 600 Pf je
1000 m³ Luft einem Energiekostenanteil von $\frac{600 \cdot 15}{1000} = 9$ Pf/m .

Ausschlaggebend für die Energiekosten ist also die Bohrgeschwindigkeit, die von verschiedenen Einflüssen abhängig ist. Eine Rolle spielen
dabei die Gesteinsart, der Bohrlochdurchmesser, die Bohrhammerbauart,
der Luftdruck, die Schneidenform und das Bohrgestänge.

Gestein: Ein allgemein gültiges Maß für die Bohrbarkeit eines Gesteins fehlt noch. Es sind vielerlei Versuche unternommen worden, hierfür ein Maß zu finden, so daß man durch eine einfache Messung die zu erwartende Bohrgeschwindigkeit vorausbestimmen kann. Vergleicht man
die Bearbeitung des Gesteins durch Schlagbohren mit einer Bearbeitung
von Metallen, so liegt es nahe, die dort üblichen Verfahren auch hier an-
zuwenden, nämlich die Schlag- und Ritzprobe, Druckfestigkeitsprobe,
Schleifprobe oder Rückprallhärteprobe. Da aber das Gestein nicht so
homogen ist wie Metall, insbesondere Stahl, haben alle diese Proben zu
keinem befriedigenden Ergebnis geführt. Als Notbehelf hat sich jedoch
die von O. MÜLLER für Gestein eingeführte Rückprallhärteprüfung nach
Shore durchgesetzt [35]. Nach dieser Methode wird zwar die Oberflächen-
härte geprüft, die auch tatsächlich einen Anhalt für die Bohrgeschwindigkeit geben kann, aber die Zusammensetzung des Gesteins, seine Kerb-
fähigkeit und sein Einfluß auf den Hartmetall-Verschleiß werden dadurch nicht erfaßt. Das Verfahren verliert auch dadurch an Wert, daß
verschiedene Proben an demselben Gestein zu verschiedenen Ergebnissen
führen [36].

Diese Erkenntnis veranlaßte SIEWERS [37], nach einem anderen Verfahren zu suchen, das auch darin gefunden wurde, daß ein handgroßes
Stück des betreffenden Gesteins einer Bohr- und Abriebprobe unter-
zogen wird. SIEWERS stellt aufgrund einer sehr großen Anzahl von Bohrversuchen mit dem Bohrhammer und mit seinem Prüfgerät in den verschiedensten Gesteinen und mit verschiedenen Bohrverfahren Kurven
auf, die die Wirtschaftlichkeitsgrenzen der einzelnen Verfahren abteilen.
Dieser an sich sehr glückliche Versuch wird leider dadurch beeinträchtigt,
daß die Grundlagen wie Hammerbauart, Preise der verwendeten Maschinen, Kronen und Stangen sowie Qualität des Hartmetalls und der
Lötung sich verändern, so daß die Grenzen nicht fest sind.

Es bleibt daher lediglich der Bohrversuch mit dem zur späteren Arbeit vorgesehenen Gerät in dem jeweiligen Gestein übrig, der nur untertage durchgeführt werden kann; nur er gestattet die exakte Bestimmung der Bohrgeschwindigkeit und des Hartmetall-Verschleißes. Um aber zu vergleichbaren Werten bei diesen Versuchen zu kommen, ist es nötig, immer dieselben Versuchsbedingungen einzuhalten. Daher hat der Ausschuß ,,Bohren und Schießen" der Gesellschaft Deutscher Metallhütten- und Bergleute ein solches Versuchsgerät entwickelt und beschrieben [25], bei dem der Bohrhammer und sein Andruck, Luftdruck, Spülwasserdruck, Bohrerlänge und Schneidenform konstant gehalten werden können. Die Ergebnisse sind zwar vergleichbar, doch verändern sie sich ebenfalls, wenn andere neuentwickelte Bohrhämmer verwendet werden.

Der Bohrlochdurchmesser: Die Bohrgeschwindigkeit ist weiterhin vom Bohrlochdurchmesser abhängig. Das hat seinen Grund darin, daß die Bohrgeschwindigkeit ein Längenmaß enthält, während die Schlagarbeit umgesetzt wird in ein Volumen losgeschlagenen Gesteins. Das Volumen aber entsteht aus Bohrlochlänge mal Kreisquerschnitt. Der Kreisquerschnitt wiederum ist quadratisch mit dem Durchmesser der Schneide veränderlich. Wird daher beispielsweise ein Schneidendurchmesser auf den doppelten Wert vergrößert, so sinkt die zu erwartende Bohrgeschwindigkeit auf den vierten Teil. Dieses Umrechnungsverfahren nach dem herausgebohrten Volumen ist innerhalb gewisser Grenzen möglich und steht in Übereinstimmung mit Bohrversuchen im Gestein. Umgekehrt ist zu erwarten, daß bei kleineren Lochdurchmessern die Bohrgeschwindigkeit quadratisch ansteigt und damit die Energiekosten pro Meter Bohrloch fallen. Es ist daher mehrfach die Forderung nach dem Kleinkaliber-Bohrverfahren erhoben worden [5, *18*, *38*]. Mit kleinerem Bohrkronendurchmesser sind auch tatsächlich geringere Preßluftkosten wie auch geringere Lohnkosten zu erwarten. Dem steht allerdings gegenüber, daß die kleineren Bohrkronen nicht mehr dieselbe Lebensdauer haben können wie vorher diejenigen mit größeren Durchmessern, weil das zur Verfügung stehende Verschleißmaß zwischen Schneidenbreite im Neuzustand und Schaftdurchmesser der Bohrkrone geringer geworden ist. Man hat versucht, Abhilfe dadurch zu schaffen, daß man auch den Schaft der Bohrkronen kleiner macht, was aber auch nur bei einer dünneren Bohrstange möglich war. Die dünneren Bohrstangen haben aber wieder eine kürzere Lebensdauer, so daß die Vorteile des Kleinkaliber-Bohrens in bezug auf Energie- und Lohnkosten mindestens z.T. wieder durch größeren Materialverbrauch aufgehoben werden. Es bleibt anzustreben, für jedes Gestein den richtigen Mittelweg zu finden, der ein Optimum zwischen Schneidendurchmesser und Lebensdauer darstellt.

Bohrhammerbauart: Bohrhämmer mit großer Einzelschlagarbeit und großer Schlagzahl ergeben eine große Bohrgeschwindigkeit. Diese führt aber nur dann zur Ersparnis von Preßluftkosten, wenn der Bohrhammer seine große Leistung mit verhältnismäßig wenig Preßluftverbrauch in der Zeiteinheit erreicht. Hier sind Beobachtungen interessant [*38*], daß moderne Bohrhämmer gegenüber veralteten Bauarten zwar einen erheblichen Mehrverbrauch an Preßluft haben, wenn man nur den Wert m³ angesaugte Luft je min betrachtet, daß aber damit eine derartige Steigerung der Bohrgeschwindigkeit verbunden ist, daß der Luftverbrauch, bezogen auf 1 m Bohrloch, bei dem modernen Hammer gesunken ist.

Luftdruck: Mit größerwerdendem Luftdruck steigt die Bohrgeschwindigkeit des Bohrhammers im allgemeinen, während sie umgekehrt mit geringerem Luftdruck sinkt. Einschränkungen dieser Regel ergeben sich bei sehr weichen Gesteinen, in denen schlagend gebohrt werden soll. Hier führen starke Schläge des Bohrhammers, die als Folge hohen Luftdruckes auftreten, zu einem Festkeilen der Schneiden in dem weichen Gestein und Schwierigkeiten beim anschließenden Drehen, so daß dadurch die Bohrgeschwindigkeit sinkt. Wenn also normalerweise höherer Luftdruck eine Vergrößerung der Bohrgeschwindigkeit zur Folge hat, so ist das zwar für die Lohnkosten gültig. Dagegen ist der Einfluß auf die Energiekosten nicht so deutlich, weil höherer Luftdruck bei gleichbleibender Füllung des Bohrhammers eine Erhöhung der Luftmenge bedeutet, die man auf den Ansaugezustand umrechnet. Es stehen sich Mehrverbrauch an Luft durch erhöhten Druck und Minderverbrauch durch erhöhte Bohrgeschwindigkeit gegenüber, so daß sich wenigstens für die Energiekosten ein Ausgleich ergeben wird. Bei zu niedrigem Luftdruck — unter 4 atü — wird die Schlagarbeit der Bohrhämmer zu klein. Der Hammer schlägt und dreht zwar noch; aber es kann kein Gestein mehr abgekeilt werden, so daß mit einer sehr kleinen Bohrgeschwindigkeit ein sehr großer Hartmetall-Verschleiß verbunden ist.

Wird demgegenüber der Preßluftdruck zu groß — 7 atü und mehr — so sind Bohrkronen, Bohrstangen und Bohrmaschinen durch zu starke Schläge gefährdet. Die Kosten für Materialverbrauch, Reparaturen und Kapitaldienst steigen mehr an als an Energie gespart wird. Es kommt hinzu, daß Undichtigkeiten in den Preßluftleitungen, die nie ganz zu vermeiden sind, bei hohem Luftdruck zu größeren Verlusten führen. Versuche, die in Schweden mit extrem hohen Luftdrücken von 12···16 atü durchgeführt wurden, haben die Undurchführbarkeit dieses Verfahrens bewiesen.

Schneidenform: In der Praxis werden hauptsächlich 2 Formen von Hartmetall-Schneiden zum schlagenden Bohren angewendet, und zwar die Einfachmeißelschneide und die Kreuzschneide. Die Schneidenform beeinflußt die Bohrgeschwindigkeit und damit die Energiekosten und die

Lohnkosten, aber auch die Lebensdauer und damit die Kosten für Materialverbrauch. SIEWERS hat Vergleichs-Versuche mit diesen beiden Schneidenformen angestellt und veröffentlicht [*39*]. Mit beiden Schneidenformen wurde unter sonst gleichen Bedingungen in zwei verschiedenen Gesteinen gebohrt, und zwar in einem harten Quarzit und in einem milderen Gabbro. Es wurde mit dem leichtschlagenden Demag-Bohrhammer FNH 60 gearbeitet. Die Versuche sind mit Luftspülung durchgeführt worden. Es werden genaue Zahlenergebnisse mitgeteilt, aus denen zusammenfassend angegeben werden kann, daß die Einfachmeißelschneide schneller gebohrt hat als die Kreuzschneide. Dagegen betrug ihre Lebensdauer nur 70% derjenigen der Kreuzschneide. Da aber der Anschaffungspreis der Kreuzschneide wesentlich höher liegt als derjenige der Einfachmeißelschneide, so liegen die Bohrkronenkosten je m bei der Kreuzschneide um 13% höher. Demnach wäre die Einfachmeißelschneide der Kreuzschneide vorzuziehen, weil sie geringere Energie- und Lohnkosten verursacht und außerdem geringeren Materialverbrauch zur Folge hat.

Ähnliche Ergebnisse zeigten Versuche des Verfassers in einem harten Ruhrsandstein von 95° Shorehärte, die mit einem Flottmann-Bohrhammer AZ 20 und mit Wasserspülung durchgeführt wurden. Nimmt man die Gesamtlebensdauer der Bohrkronen als Maß für den Verschleiß an, was möglich ist, weil unter vollkommen gleichen Bedingungen auf einem Prüfstand gebohrt wurde, so erreichten die Einfachmeißelschneiden bei 36 mm Durchmesser im Neuzustand 118 m Bohrloch, während die Kreuzschneiden 137 m aushielten. Damit erreichte die Einfachmeißelschneide in diesem gegen Quarzit oder Granit immerhin noch weichen Gestein 85% der Lebensdauer einer Kreuzschneide. Auch hier ergibt sich bei dem höheren Anschaffungspreis der Kreuzschneide eine, wenn auch geringe Überlegenheit der Einfachmeißelschneide hinsichtlich der Materialkosten je Meter Bohrloch. Die Bohrgeschwindigkeit der Einfachmeißelschneide war mit 16,0 cm/min ebenfalls größer als die der Kreuzschneide, die im Durchschnitt nur 12,9 cm/min erbrachte. Die beigefügten Abb. 30 und 31 zeigen jeweils eine Bohrkrone im Neuzustand und nach Verbrauch. Das Ende der Lebensdauer trat dadurch ein, daß der Durchmesser zu klein wurde und die Bohrkronen im Loch klemmten. Es muß jedoch auch an dieser Stelle betont werden, daß die oben genannten Versuchsergebnisse nicht für jedes Gestein gültig sind. In klüftigen sowie in sehr harten Gesteinen beispielsweise verschieben sich die Ergebnisse sehr zugunsten der Kreuzschneiden [*5, 40*].

Das Bohrgestänge: Auch die Form des Bohrgestänges hat einen Einfluß auf die Bohrgeschwindigkeit und damit auf die Energiekosten. Es war bereits früher (vgl. Abb. 14) darauf hingewiesen worden, daß verschiedene Formen der Verbindung zwischen Bohrstange und Bohrkrone die an der Schneide ankommende Schlagarbeit beeinflussen. Die Schlag-

energie an der Schneide ist ein Maß für die Bohrgeschwindigkeit. Darüber
hinaus ergeben sich Einwirkungen der Bohrstangenmasse auf die Bohrleistung. Lange Bohrstangen führen zu einer geringeren Bohrgeschwindigkeit als kurze Bohrstangen, was sich aus der Theorie des Stoßes leicht
erklären läßt. Man soll daher möglichst mit kurzen Bohrstangen im
Bohrloch anfangen und erst bei tieferwerdendem Bohrloch auf längere
Bohrstangen zurückgreifen. Die Masse der Bohrstange wird aber auch
bei zu großem Durchmesser nachteilig beeinflußt. Man könnte annehmen, daß daher dünne Bohrstangen den größten Bohrfortschritt und die
niedrigsten Energie- und Lohnkosten bedingen würden. Dem steht aber
gegenüber, daß größere Schwingungen diesen Vorteil wieder aufzehren,
während eine leichtere Anfälligkeit gegen Brüche weiterhin einen Ausgleich von Energiekosten und Materialverbrauchskosten herbeiführt.

Abb. 30. Einfachmeißelschneide neu
und verbraucht (Werkfoto Wallram).

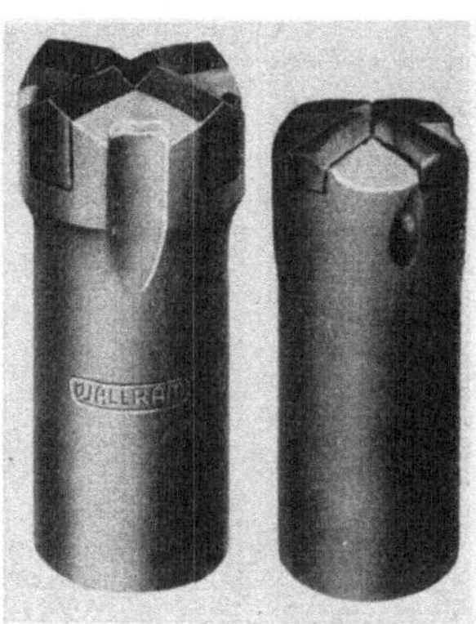

Abb. 31. Kreuzschneide neue und
verbraucht (Werkfoto Wallram).

Lohnkosten. Die beim Schlagbohren entstehenden Lohnkosten kann
man in reine Bohrkosten und Kosten für Bohr-Nebenarbeiten einteilen.
Zur Ermittlung der reinen Bohrkosten dient die Bohrgeschwindigkeit, die
man in cm/min messen kann und die den Einflüssen unterworfen ist, die
bereits im vorigen Abschnitt untersucht wurden. Es ist einfach, die reinen Bohrkosten auf Meter Bohrloch umzulegen, indem man ausrechnet,
wieviel Meter Bohrloch in einer Stunde hergestellt werden können unter
der Voraussetzung, daß dauernd gebohrt wird. Kennt man weiter den
Lohn des Arbeiters pro Stunde, so ist durch einfache Division der Betrag
DM pro Bohrmeter oder Dpf pro Bohrmeter festzulegen.

In der Praxis des Gesteinsbohrens muß man anders vorgehen. Es
bleibt nicht dabei, daß hier nur gebohrt wird, sondern es müssen auch die
Bohrstangen gezogen, die Bohrkronen abgeschlagen und auf andere Bohrstangen wieder aufgesteckt und neue Löcher angesetzt werden. Derartige
Nebenzeiten machen unter Umständen ein Mehrfaches der reinen Bohr-

zeiten aus. Für eine genaue Kostenuntersuchung ist es daher nötig, Zeitstudien anzustellen, um zu einer Ermittlung der gesamten Bohrzeit pro Schicht zu kommen. Fällt nicht in jeder Schicht ein Abschlag, so muß man auch den Anteil der Bohrzeit an der Gesamtarbeitszeit für einen Abschlag feststellen und die für den Abschlag aufgewendete Gesamtarbeitszeit, die also auch die Zeiten für das Besetzen der Bohrlöcher mit Sprengstoff, für Schießen, Laden des Haufwerks und Verbauen der Strecke umfaßt. Hat man die Zeit für das Bohren einschl. Nebenarbeiten, so kann man daraus unter Berücksichtigung der Anzahl von Arbeitern den Lohn für diese Zeit berechnen. Dabei muß nicht der Schichtlohn oder Stundenlohn des Arbeiters zugrundegelegt werden, sondern die Summe, die der Arbeitgeber zu bezahlen hat, die sich um den Anteil der sozialen Zuschläge erhöht. Diese Erhöhung ist beträchtlich, sie schließt Beträge für Knappschaftsbeiträge, Berufsgenossenschaft, Urlaubsentschädigung, Preisunterschied Deputatkohlen, Feiertagslohn, Hausstands- und Kindergeld, Weihnachtsgeld und Trennungsgeld ein und beträgt nach einer Erhebung im Ruhrkohlenbergbau für das Jahr 1952 z. B. 46,8%. Die so erhaltene Lohnsumme muß durch die Anzahl der Bohrmeter je Abschlag dividiert werden, wobei sich der Betrag der Lohnkosten in DM je Bohrmeter ergibt.

Auch hier soll ein vereinfachtes Zahlenbeispiel das Vorgesagte erläutern. Nimmt man an, daß in jeder Schicht ein Abschlag von 50 Bohrmetern erledigt werden kann, was als sehr günstig anzusprechen ist, und sind dabei 4 Gesteinshauer an 3 Maschinen beschäftigt, wird ferner mit einem Hauerlohn von DM 18,— je Schicht gerechnet, was $18 \cdot 1,47 = 26,50$ DM/Schicht für den Arbeitgeber bedeutet, so wird der Lohnkostenanteil $\dfrac{26,5 \cdot 4}{50} = 2,12$ DM/m. Es muß noch bemerkt werden, daß beim Einsatz von Bohrwagen zweckmäßigerweise immer ein Reparaturschlosser zugegen sein soll, dessen Lohn den Bohrmeterpreis erhöht. Auch der Gehaltsanteil der Aufsichtsperson kann an dieser Stelle berücksichtigt werden. Dieser Betrag für Lohnkosten ist im Vergleich zu den anderen Kostenarten beim Bohren hoch. Es ist nicht möglich allgemein gültige Zahlen anzugeben, weil sie stark wechseln. In allen Fällen, in denen in der Literatur Zahlenangaben als Beispiele einzelner Streckenbetriebspunkte gegeben werden, ist aber immer der Anteil der Lohnkosten der größte von allen Kostenarten. Es ist daher besonders wichtig, ihn niedrigzuhalten. Das gelingt einmal dadurch, daß man die Bohrgeschwindigkeit, die man in cm pro min messen kann, steigert. Da jedoch die Nebenzeiten ein Mehrfaches der reinen Bohrzeit ausmachen, ist es wichtiger, an dieser Stelle Zeitersparnisse herbeizuführen. Durch richtige Organisation des Bohrbetriebes, [41] durch gute Aufsicht und durch Bereitstellen von genügend Material sind große Erfolge möglich. Hier öffnet sich das Feld für Hochleistungsbohrmaschinen, die auf Bohrwagen montiert sind. Mit ihnen kann einmal die reine Bohrzeit gesteigert werden, zum anderen müssen die Wagen so konstruiert sein, daß sie die Nebenzeiten weitgehend verkürzen. Ein Erfolg stellt sich aber erst ein, wenn die Zeitersparnis so groß wird, daß nicht nur ein Mehraufwand beim Aufstellen und Abbau der Maschine ausgeglichen wird, sondern auch noch weitere Zeitersparnisse sich ergeben. Die dadurch möglichen Einsparungen an Lohnkosten müssen den Mehraufwand an Kapitalkosten und Energiekosten decken und noch einen Gewinn herbeiführen.

Es darf nicht vergessen werden, die Lohnkosten beim Nachschärfen der Hartmetall-Bohrkronen mit in die Kostenermittlung aufzunehmen. Wie bereits unter „Das Nachschleifen" erwähnt, kann ein Mann 8···12 Schliffe pro Stunde ausführen. Unter Berücksichtigung der sozialen Beiträge des Arbeitsgebers lassen sich daraus die Lohnkosten pro Bohrmeter bestimmen. Beispiel: 10 Schliffe pro Stunde, 24,— DM Lohn pro Schicht einschl. soz. Zuschläge $= DM\ 3,—$ pro Stunde, 7,5 m Bohrloch bis zum Nachschleifen ergeben: $\dfrac{300}{7,5 \cdot 10} = 4\ Pf/m$. Es wird empfohlen, die Lohnkosten beim Schärfen mit dem Materialverbrauch der Schleifscheiben und den Energie- und Kapitalkosten der Schleifmaschine zusammenzufassen und als Schleifkosten gesondert in der Aufstellung erscheinen zu lassen.

Transportkosten. Die Transportkosten können eine Rolle spielen, wenn viel Material auf weiten Wegen befördert werden muß. Das ist dann der Fall, wenn beim Bohren mit Stahlschneiden die Bohrer schnell stumpf werden, so daß eine große Zahl von Bohrstangen in jeder Schicht anfällt. Dabei kommt es vor, daß ein Mann nur damit beschäftigt ist, einen Förderwagen voll Bohrstangen zutage zu begleiten, in die Bohrerschmiede zu bringen und geschärfte Bohrer wieder vor Ort zu befördern.

Beim Bohren mit lösbaren Schneiden entfallen die Transportkosten dadurch, daß die Gesteinshauer die neugeschärften Bohrkronen aus der Gezäheschmiede mit an ihren Arbeitsplatz nehmen und am Ende der Schicht die Bohrkronen wieder in die Gezäheschmiede bringen. Zu dem Zweck bieten die Hersteller von Hartmetall-Bohrkronen bequeme Transportkästen an, die verschließbar sind und umgehängt werden können. Voss [18] hat in seiner Abhandlung einen solchen Kasten beschrieben und abgebildet.

Sprengstoffkosten. In einer vergleichenden Wirtschaftlichkeitsberechnung hat die Untersuchung der Sprengstoffkosten nur einen Sinn, wenn zwei verschiedene Bohrverfahren gegenübergestellt werden. Gelingt es beispielsweise durch die Verwendung von Hartmetall-Schneiden tiefere und engere Bohrlöcher herzustellen als es vorher etwa mit Stahlschneiden möglich war, so kann man die vergleichbaren Bohrkosten nicht mehr auf 1 m Bohrlochlänge beziehen. Es wird sich dann ergeben, daß mit derselben Anzahl von Bohrmetern eine größere Menge Festgestein gelöst werden kann. Daher findet man als Bezugsgröße für die Kosten dann und wann auch ein m³ Gestein. Besonders bei Sprengstoffkosten kann sich dabei ein größerer Unterschied ergeben.

Kosten für die Bewetterung. Für diese Kostenart ist ebenfalls das Meter Bohrloch nicht die geeignete Grundlage. Hier muß die Zeit eingeführt werden. Die Kosten für Bewetterung werden speziell im Gesteinsstreckenvortrieb und Tunnelbau dadurch besonders groß, daß man die Atemluft für die Bergleute nicht vom Hauptgrubenlüfter durch die in Arbeit befindliche Strecke führen kann. Es muß mit Sonderbewetterung durch Lutten und mit Luttenventilatoren gearbeitet werden. Solche kleinen Maschinen haben aber besonders hohe Kosten, insbesondere dann, wenn sie mit Druckluft angetrieben werden müssen. Man muß je nach der Länge der Strecke mit mehreren Tausend DM pro Monat Bewetterungskosten rechnen. Hat man beispielsweise dafür DM 3500,— pro Monat ermittelt, und ist eine Strecke 1000 m lang, so betragen die Gesamtbewetterungskosten DM 140000,—, wenn monatlich nur 25 m aufgefahren werden. Die Gesamtbewetterungskosten senken sich aber auf DM 35000,— wenn der Streckenvortrieb auf 100 m im Monat beschleunigt wird. Dabei ist vorausgesetzt, daß die hohen Kosten für Sonderbewetterung aufhören, wenn die Strecke durchschlägig ist und an den Wetterstrom des Hauptgrubenlüfters angeschlossen werden kann. Man kann mit der eingesparten Summe von rd. DM 100000,— Mehrkosten an Hartmetall-Gerät, Hochleistungsbohrmaschinen, Bohrwagen und auch Lademaschinen decken, die bei einem Vergleich der bisher genannten Kostenarten zu hoch erschienen wären.

Mit Hilfe der vorbezeichneten Kostenarten kann man die Gesamtkosten jedes einzelnen Bohrverfahrens ermitteln, ganz gleich, ob man mit Stahlschneiden oder Hartmetall-Schneiden arbeitet, ob man leichte Bohrhämmer mit Preßluftstützen oder schwere Bohrmaschinen auf Bohrwagen verwendet, ob man schlagend oder drehend bohrt, ob man in hartem oder weichem Gestein arbeitet, ob man Kreuzschneiden oder Meißelschneiden, Bohrstangen oder Bohrrohre benutzt und dgl. mehr. Die Anforderungen der Praxis sind außerordentlich verschiedenartig, und die Grundlagen technischer und wirtschaftlicher Art ändern sich dauernd. Wenn trotzdem hier eine Tabelle (6) mit Zahlen aufgeführt ist, so kann es sich nur um ein Beispiel einer Kostenzusammenstellung handeln, das keinen Anspruch auf Allgemeingültigkeit erhebt. Dabei sind die Zahlen verwendet, die vorher in den einzelnen Abschnitten der Kostenuntersuchung gefunden wurden. Neben den absoluten Werten in Pf pro Bohrmeter ist auch der prozentuale Anteil jeder Kostenart zwecks besserer Übersicht angegeben. Für vergleichende Wirtschaftlichkeitsberechnungen muß man in jedem einzelnen Fall aufgrund von Messungen oder Erfahrungen bei ähnlichen Arbeiten alle Kosten für zwei verschiedene Verfahren zusammenstellen und miteinander vergleichen. BORSCHEL u. MÜLLER [42] versuchen demgegenüber zu einer allgemeingültigen Gleichung über die Werkzeugkosten von Stahl- und Hartmetall-Schlagbohrern zu kommen.

Tabelle 6. *Beispiel einer Kostenzusammenstellung.*
Schlagendes Bohren mit Hartmetall-Bohrkronen und Bohrwagen
in hartem Sandstein.

Kapitalkosten, Abschreibung u. Verzinsung	31,4 Pf/m	9,6%
Instandhaltungs- u. Reparaturkosten	21,4 Pf/m	6,3%
Materialverbrauch:		
Bohrkronen	33,0 Pf/m	9,8%
Bohrstangen	25,0 Pf/m	7,4%
Energiekosten	9,0 Pf/m	2,8%
Lohnkosten	212,0 Pf/m	62,3%
Schärfkosten:		
Schleifscheibenverbrauch	2,0 Pf/m	0,6%
Lohn	4,0 Pf/m	1,2%
	337,8 Pf/m	100%

II. Drehendes Bohren.

Beim drehenden Bohren liegt die Bedeutung des Hartmetalls ebenso wie beim schlagenden Bohren auf wirtschaftlichem Gebiete. Die große Härte und Verschleißfestigkeit des Hartmetalls führt auch auf diesem Anwendungsgebiet zu einer größeren Schneidhaltigkeit und zu einem geringeren Verschleiß. Die mit Hartmetall besetzten Drehbohrschneiden brauchen nicht so häufig nachgeschärft zu werden wie ihre Vorgänger, die Stahlschneiden. Sie bleiben länger scharf und ermöglichen dadurch eine größere Bohrgeschwindigkeit. Dadurch daß sie lösbar gestaltet werden, ist der Transport sowie das Nachschärfen vereinfacht. Alles dies führt dazu, daß Einsparungen an Lohn- und Energiekosten möglich sind.

Bald nach der Einführung der Sinterhartmetalle in die spanabhebende Bearbeitung von Metallen verwendete man Hartmetall auch beim drehenden Bohren in Mineral und Gestein. Bereits im Jahre 1930 wird über den Einsatz von Hartmetall-Schneiden zum drehenden Bohren in Kohle berichtet [43]. Etwa gleichzeitig werden Hartmetalle auch zum drehenden Bohren von Sprenglöchern in Salz verwendet. Beiden Mineralien, Salz und Steinkohle, ist gemeinsam, daß sie weich sind und sich leicht bohren lassen. Infolgedessen sind keine größeren Schwierigkeiten bei der Einführung des Hartmetalls auf diesen Gebieten aufgetreten. Umgekehrt wurde es nötig, gegenüber den bis dahin gebräuchlichen Bohrmaschinen neue Konstruktionen zu entwickeln, die der größeren Leistungsfähigkeit der neuen Schneiden angepaßt waren [44].

Versuche, ähnliche mit Hartmetall besetzte Drehbohrschneiden unter Verwendung derselben Bohrmaschinen zur Herstellung von Sprenglöchern in Gestein herzustellen, scheiterten allerdings. Erst im Jahre 1946 hat man im Zusammenhang mit der Ausgasung von Kohleflözen wieder drehend in größerem Umfang weite Bohrlöcher im Gestein mit Hilfe von Hartmetall-Schneiden niedergebracht und neue Erfahrungen gesammelt. Dies führte dann dazu, auch normale Sprengbohrlöcher von kleinem Durchmesser und geringer Tiefe mit Hartmetall drehend zu bohren, wobei besondere Maschinen entwickelt werden mußten. In den letzten Jahren hat das Bohren von Löchern großen Durchmessers und großer Tiefe im Bergbau besondere Bedeutung gewonnen.

Entwicklungen auf dem Gebiete des Drehbohrens bewegten sich in der Richtung, daß gewisse Schneidenformen gefunden wurden, die für den einen oder anderen Zweck besonders günstig waren. Will man daher die Verwendung von Hartmetall beim drehenden Bohren betrachten, so ist eine Einteilung nach dem gebohrten Material zweckmäßig, also: drehendes Bohren in Kohle, in Salz und in Gestein. Beim drehenden Bohren in Gestein muß man Bohrlöcher für die Sprengarbeit und Groß- sowie Tiefbohrlöcher unterscheiden. Zum Schluß ist auf das neueste Verfahren, nämlich das Dreh-Schlag-Bohren einzugehen, das wiederum neue Formen von Hartmetall-Schneiden verlangt.

1. Aus der Theorie des drehenden Bohrens.

Im Gegensatz zum schlagenden Bohren tritt beim drehenden Bohren eine gänzlich anders geartete Arbeitsweise zwischen Schneide und Gestein auf. Beim schlagenden Bohren wird die im Kolben aufgespeicherte Bewegungsenergie durch Stoßübertragung auf den Bohrer und damit die Schneide weitergeleitet. Infolge der sehr kurzen Eindringtiefe der Schneide wird dabei eine große Kraft frei, die auch das Zerstampfen sehr harter Gesteine zuläßt. Demgegenüber muß beim drehenden Bohren die Stange und damit die Schneide durch einen besonderen Andruck gegen die Bohrlochsohle gepreßt werden, und zwar so weit, daß die Schneide in das Gestein eindringt. Von der Maschine muß dann ein Drehmoment an die Schneide abgegeben werden, das groß genug ist, das Gestein seitlich abzuscheren und auf diese Weise zu zerspanen. Die Abb. 32 zeigt schematisch diese beiden Vorgänge des schlagenden und drehenden Bohrens.

Es ist klar, daß beim drehenden Bohren die Eindringtiefe von der Größe des Andrucks und von der Festigkeit des Minerals abhängig ist. Eindringtiefe multipliziert mit der Drehzahl ergibt ein Maß für die Bohrgeschwindigkeit. Demnach haben die Festigkeit des Minerals, der Andruck und die Drehzahl einen Einfluß auf den Bohrfortschritt. Durch Erfahrung wußte man, daß mit steigender Härte des zu bohrenden Minerals auch der Andruck stärker und die Drehzahl geringer werden mußte. Es ist das Verdienst von BESIGK und KÜHNE [45], in sehr ausführlichen Versuchen Klarheit über diese Verhältnisse geschaffen zu haben. Die Versuche wurden mit Geräten durchgeführt, wie sie bei der Herstellung tiefer Erdölbohrlöcher verwendet werden. Sie lassen sich aber in ihren Grundlagen ohne weiteres auch auf das drehende Bohren für Bergbauzwecke übertragen. FETTWEIS [46] hat einen Auszug mit den wichtigsten Erkenntnissen aus dem Bericht von BESIGK und KÜHNE veröffentlicht.

Eine wichtige Tatsache wurde durch einen Vorversuch gefunden, und zwar konnte festgestellt werden, daß die Beziehung zwischen der Eindringtiefe eines ruhenden Stiftes mit Einfachschneide in ein bestimmtes Gestein in Abhängigkeit von der Andruckkraft keine gerade Linie

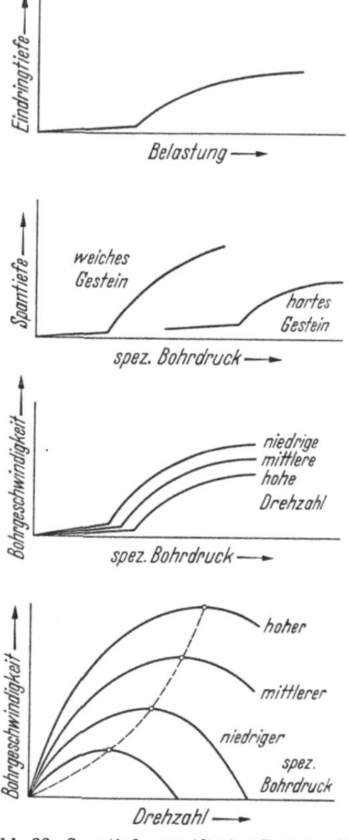

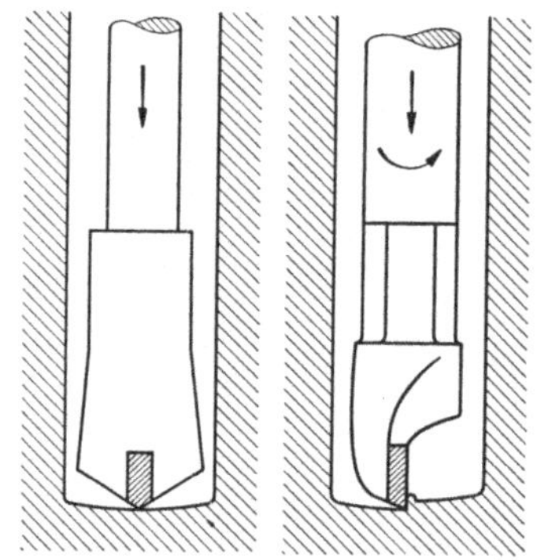

Abb. 32. Schlagendes und drehendes Bohren.

Abb. 33. Spantiefe, spezifischer Bohrdruck und Drehzahl.

ergab. Wie die Abb. 33 zeigt, dringt der Stift zunächst bei steigender Belastung nur wenig ein und vergrößert von einer gewissen Grenze ab bei weiter steigender Belastung diese Eindringtiefe sehr stark. Diese Grenze wird als kritischer Bohrdruck bezeichnet. Will man zu einer großen Bohrgeschwindigkeit kommen, so muß der kritische Bohrdruck überschritten werden. Dieser ist abhängig von der Gesteinsfestigkeit und nimmt mit ihr zu. Überträgt man diesen Vorversuch auf normale Drehbohrschneiden, so muß man auch die Größe des Durchmessers dieser Schneide berücksichtigen. Es wird zu dem Zweck der Begriff des spezifischen Bohrdrucks eingeführt, der sich aus dem Quotienten Andruck geteilt durch

Schneidenfläche ergibt und in kg je cm² ausgedrückt wird. Dabei findet man die Schneidenfläche aus dem Produkt von Schneiden-Länge und -Abstumpfung. Die Abb. 33 zeigt einmal, daß für verschiedene Gesteinsfestigkeit die Linie der Eindringtiefe anders gelagert ist, d. h. man braucht für eine höhere Gesteinsfestigkeit auch einen größeren spezifischen Bohrdruck als bei weichem Gestein bzw. für gleiche Schneidendurchmesser einen größeren Andruck. Diese Schlußfolgerung beschränkt sich nicht nur auf Gesteine, sondern gilt auch für andere Mineralien, in denen drehend gebohrt wird. In Kohle und weichem Salz genügen daher geringe Andruckkräfte, die von Hand des Bergmannes ausgeübt werden können, während in härteren Salzen oder weicherem Gestein, wie z. B. Tonschiefer oder Schiefer, der Andruck zweckmäßig von den Bohrmaschinen ausgeübt wird, die in feststehenden Rahmen verspannt sind. In härteren Gesteinen, wie Sandschiefer oder Sandstein, kann man nur drehend bohren, wenn der Andruck sehr stark ist. Er muß dann durch besondere Andruckmaschinen, die mitsamt den Bohrmaschinen auf schweren Bohrwagen montiert sind, aufgebracht werden.

Die Untersuchungen von BESIGK und KÜHNE zeigten ferner, daß für das Eindringen der Schneide eine gewisse Zeit zur Verfügung stehen muß. Das steht in Zusammenhang mit der Drehzahl der Bohrmaschine. Eine zu große Drehzahl, d. h. eine zu kurze Zeit, ergibt keinen genügenden Bohrfortschritt, auch wenn der spezifische Bohrdruck groß genug ist. Schematisch geht dies ebenfalls aus der Abb. 33 hervor. Bei größer werdender Drehzahl wird bei sonst gleichen Verhältnissen die Spantiefe und damit die Bohrgeschwindigkeit abnehmen. Die Schlußfolgerung ist, daß härtere Gesteine mit geringer Drehzahl, weichere Mineralien mit höherer Drehzahl gebohrt werden müssen.

Man kann die Zusammenhänge, die zu diesem Schluß führten, auch in der Weise darstellen, daß man den Bohrfortschritt in cm/min in Abhängigkeit von der veränderlichen Drehzahl aufträgt (Abb. 33 unten). Es ergibt sich dann für einen ganz bestimmten spezifischen Bohrdruck eine erst ansteigende und dann wieder abfallende Kurve. Führt man das für mehrere verschiedene Bohrdrücke durch, so ergibt sich das gezeichnete Bild, in dem die optimalen Bohrgeschwindigkeiten für jeden Bohrdruck durch eine gestrichelte Linie verbunden sind. Danach gehört bei einem gegebenen Gestein zu jedem Bohrdruck eine günstigste Drehzahl. In bezug auf die Praxis des Drehbohrens schließt das die Forderung ein, Maschinen mit veränderlicher Drehzahl und veränderlicher Andruckmöglichkeit zu bauen, die sich jeder vorkommenden Gesteinshärte anpassen lassen.

BESIGK und KÜHNE erklären auch, daß Drehbohrschneiden in der Mitte zweckmäßig einen Schlitz haben sollen. In der Drehachse solcher Schneiden wird keine Zerspanungsarbeit verrichtet. Dadurch kann sich die Schneide bei größerer Gesteinsfestigkeit an dieser Stelle nur drehen, ohne daß ein Eindringen stattfindet. Wird dagegen der erwähnte Schlitz angebracht, so dringen die inneren Ecken der Schneiden bei genügend großem Andruck ein, und es tritt auch ein genügender Bohrfortschritt auf, weil an diesen Stellen jetzt eine Abscherwirkung vorhanden ist. Das in der Mitte stehenbleibende Material bricht dann weg und wird durch die Spülung aus dem Bohrloch entfernt.

2. Drehendes Bohren in Kohle. Sprenglochbohren.

Das drehende Bohren in Kohle ging vom oberschlesischen Bergbau aus, in dem teilweise sehr harte Kohle ansteht, die im übrigen nicht zur Ausgasung neigt und daher ein Gewinnungsverfahren durch Bohren und Schießen gestattet. Hier wurden etwa seit 1929 — vgl. SCHÜLLER [43] — lösbare Hartmetall-Schneiden in Verbindung mit Drehbohrmaschinen benutzt. Es zeigte sich, daß das Hartmetall gegenüber Stahlschneiden eine außerordentliche Steigerung der Haltbarkeit mit sich brachte. A. MEUTSCH [47] berichtet beispielsweise, daß man nach dem bisherigen Verfahren mit angeschmiedeten Stahlschneiden nur 0,4 m Bohrloch bis zum Nachschärfen niederbringen konnte, während die Hartmetall-Schneiden 120 m bis zur Nachschärfung und 3···4000 m Gesamtbohrloch-länge aushielten. Damit war eine Erhöhung der Bohrgeschwindigkeit verbunden, die sich in einer Erhöhung der Leistung von 10···12 Bohr-metern je Schicht beim Stahlbohren auf 30···40 Meter je Schicht beim Hartmetall-Bohren ausdrückte. Gleichzeitig gingen die Bohrlochkosten von 11,6 Pf/m bei Stahl auf 4,7 Pf/m bei Hartmetall herunter.

Die damals ausprobierten Hartmetall-Schneiden hatten bereits ähn-liche Formen wie sie auch heute noch mit Erfolg benutzt werden. Das schließt nicht aus, daß eine große Anzahl anderer Schneidenformen aus-probiert wurde, worüber beispielsweise DRESNER in seiner Dissertation [48] berichtet. Ein Auszug aus dieser Arbeit ist im „Glückauf" im Jahre 1934 erschienen [49].

a) Bohrschneiden und -stangen. Aus dem Vielerlei an Formen hat sich bis heute eine Standardform entwickelt, die auch im DIN-Blatt 20395 in ihren Abmessungen festgelegt worden ist. In diesem Normblatt sind die äußeren Abmessungen und insbesondere die verschiedenen Win-kel der Schneidplatten festgelegt. Zur Verdeutlichung ist eine Zeichnung und eine Fotografie in den beiden folgenden Abbildungen gegenüber-gestellt (34 und 35). Man erkennt, daß die Schneiden zweiflügelig sind, wobei ein breiter und tiefer Mittelschlitz vorgesehen ist. Damit ist er-reicht, daß die Schneiden an ihrer Brust, d. h. vorne, häufig nachgeschlif-fen werden können, bis das Hartmetall verbraucht ist.

Im Gegensatz zu den Schlagbohrern sind die Hartmetall-Platten bei den Drehbohrschneiden nicht eingelötet, sondern aufgelötet. Das hat den

Vorteil, daß das Löten einfacher vor sich geht. Die Befestigung und der Schutz der Hartmetall-Platte ist dann zwar nicht so sicher wie bei einer Schlitzlötung, doch sind andererseits die Anforderungen an das Hartmetall nicht so hoch, so daß diese einfachere und billigere Art der Befestigung ausreicht.

Diese Art von Bohrern wird als exzentrisch bezeichnet, weil die beiden Spitzen an der vorderen Schneide verschiedenen Abstand von der Drehachse haben. Wichtig ist, daß der Rückenwinkel von 18° und der Spanwinkel von 3° eingehalten werden, um einen möglichst kleinen Verschleiß auf dem Rücken und einen richtigen Spanablauf zu erhalten.

Als Bohrstange für das drehende Bohren wird ein Schwertprofilbohrer nach DIN 20388 (Entwurf)[1] verwendet. Diese Bohrstangen sind

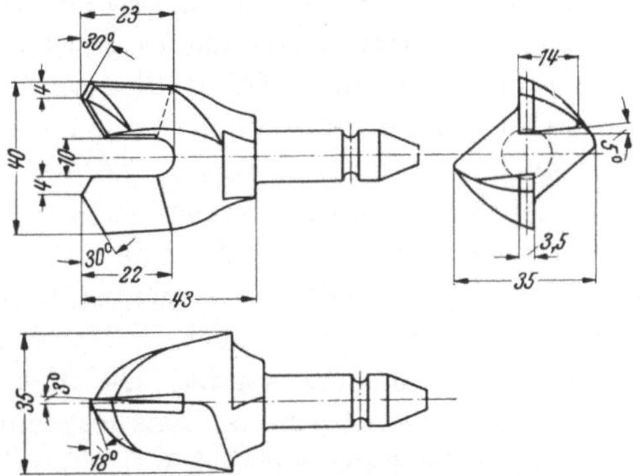

Abb. 34. Kohledrehbohrschneide.

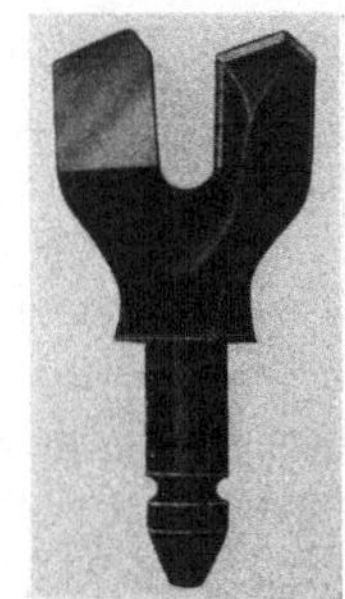

Abb. 35. Kohledrehbohrschneide (Werkfoto Wallram).

verwunden und tragen Rechtsdrall, um das Bohrklein mit der so gebildeten Transportschnecke aus dem Bohrloch entfernen zu können. Werden Schwertprofilbohrer oder auch Schlangenbohrer beim schlagenden Bohren verwendet, so haben sie Linksdrall, da der Bohrhammer andersherum umsetzt als die Drehbohrmaschine, so daß dieses Merkmal ein äußeres Kennzeichen dafür ist, ob man Bohrstangen für schlagendes oder drehendes Bohren vor sich hat.

Die Einsteckenden der Bohrstangen sind ebenfalls auf dem genannten Normblatt enthalten sowie die Bohrspindelköpfe für Handdrehbohrmaschinen auf dem DIN-Blatt 20389 (Entwurf).

Für die Verbindung zwischen Drehbohrschneide und Bohrstange gibt es verschiedene Möglichkeiten. In dem DIN-Blatt 20395 ist als Befestigung der sogn. Federzapfen vorgesehen. Diese Befestigungsart hat sich

---

[1] Bedeutet, daß es sich bei diesen Normblättern um solche handelt, die zwar schon bestehen, aber in wesentlichen Punkten geändert werden sollen; oder solche, die zur Einführung vorgesehen aber noch nicht für verbindlich erklärt worden sind.

jedoch in der Bergbaupraxis nicht einführen können. Es wird daher hier
auf die bildliche Wiedergabe verzichtet. Dagegen hat sich der Rundzap-
fen mit Nut durchgesetzt, wie er in den Abbildungen 34 und 35 wiedergegeben ist. Diese Art der Befestigung ist auch im DIN-Blatt 20390
(Entwurf) unter B aufgenommen. Das Normblatt 20388 zeigt die Verbindung dieses Rundzapfens mit der Bohrstange durch einen seitlich ein-
geführten Splint. Das Drehmoment zwischen Bohrstange und Bohrschneide wird durch Ansätze an der Bohrstange übertragen, die sich gegen
entsprechende Flächen an der Bohrschneide anlegen.

b) Bohrmaschinen. Das drehende Bohren in Kohle wird fast ausschließlich mit leichten Handdrehbohrmaschinen durchgeführt [50]. Wie bereits im Abschnitt Theorie erwähnt, genügt für das Bohren in dem weichen
Mineral ein geringer Andruck von normalerweise 20 kg, den ein Arbeiter
von Hand für längere Zeit aufbringen kann. Ebenfalls bedingt durch die
verhältnismäßig weiche Kohle kann man hohe Drehzahlen verwenden.
Es haben sich im Betrieb zwei Gruppen von Maschinen durchgesetzt, und
zwar elektrisch angetriebene und mit Druckluft betriebene Maschinen.
Elektrische Maschinen werden beispielsweise von den Siemens-Schuckert-
Werken geliefert und haben unterschiedliche Ausführung je nachdem, ob
sie für schlagwetterfreie Betriebe oder für Schlagwettergruben bestimmt
sind. Die Leistungsaufnahme beträgt 1,34 kW, wobei die Maschine bei
60%iger relativer Einschaltungsdauer 0,9 kW abgibt. Die Maschinen
können für 400, 500 oder 700 U/Min geliefert werden. Das Gewicht liegt
bei 16···18 kg, was durch Leichtmetallgehäuse möglich war. Damit entspricht das Gewicht ungefähr dem eines Schlagbohrhammers. Ähnliche
Maschinen werden von den Maschinenfabriken Nüsse & Gräfer K.G.,
Sprockhövel, und Fein, Stuttgart, und in Hochfrequenzausführung von
Bosch, Stuttgart, hergestellt und vertrieben.

Als Beispiel für Druckluft-betriebene Handdrehbohrmaschinen sollen
hier diejenigen der Fa. Nüsse & Gräfer genannt werden, die unter der Bezeichnung Fortschritt I mit 2,3 PS und 7 kg Gewicht sowie Fortschritt II
mit 3,5 PS und 8,5 kg Gewicht bekannt geworden sind. Druckluftmaschinen haben den Vorteil, ihre Drehzahl und Leistung automatisch
den Einsatzbedingungen anzupassen. Sie laufen schneller in weicherer
Kohle und verringern selbsttätig ihre Drehzahl in härterer Kohle oder bei
stärkerem Andruck. Der Bedienungsmann findet durch Änderung des
Andruckes in gewissen Grenzen sehr schnell die Bedingungen für die
größte Bohrgeschwindigkeit heraus. Druckluftmaschinen können auch
dort eingesetzt werden, wo infolge Schlagwettergefahr eine Elektrifizie-
rung in Kohlengruben nicht möglich ist.

In harter Kohle ist ein Andruck von 25···30 kg zweckmäßig, der auf
die Dauer vom Bedienungsmann nur schwer durchzuhalten ist. Die Firma
Flottmann empfiehlt aus dem Grunde zu ihrer Druckluft-Drehbohr-

maschine den vom Schlagbohrhammer bekannten Bohrknecht. Die Abb. 36 zeigt die Drehbohrmaschine mit dem Bohrknecht im Einsatz in einer Erzgrube. Die Preßluft-beaufschlagte Stütze ist gelenkig an der Maschine befestigt. Ihre Vorschubkraft zerlegt sich in 2 Komponenten, deren eine den Andruck übernimmt, während die andere das Gewicht der Maschine trägt. Um genügend Andruckkraft zu erhalten, ist der Durchmesser der Stütze verhältnismäßig groß. Durch weitgehende Verwendung von Leichtmetall wird jedoch das Eigengewicht für den Transport niedrig gehalten.

Abb. 36. Handdrehbohrmaschine mit geringem Andruck
(Werkfoto Flottmann).

c) Betriebsvorschriften. Die Beanspruchungen, die an die Hartmetall-Drehbohrschneiden während des Arbeitens in Kohle herantreten, sind so gering, daß Vorschriften, wie sie etwa beim schlagenden Bohren nötig sind, hier nicht gemacht zu werden brauchen. Das wichtigste ist die Beurteilung, wann eine Schneide stumpf ist und nachgeschliffen werden muß. Als Anhaltspunkt kann man die Fasenbreite an der Schneidenspitze heranziehen, die sich nach einer größeren Anzahl von Bohrmetern einstellt. Diese Abstumpfung soll nur sehr klein sein und am äußeren Durchmesser der Schneide $^1/_2$ mm, höchstens jedoch 1 mm betragen. Eine solche Abstumpfung tritt aber auch erst nach 50···70 m Bohrloch ein. Man könnte dann mit der Schneide zwar noch weiter bohren; doch wird dann der Motor überbeansprucht, der ohnehin sehr hoch belastet ist und leicht heiß wird. Auch ist zur Beibehaltung der guten Bohrgeschwindigkeit die richtige Schneidenschärfe nötig. Schließlich würde bei stumpfer Schneide auch ein stärkerer Andruck erforderlich sein, der zur Ermüdung des Arbeiters führt. Alle drei Gründe führen zur Vorschrift, daß rechtzeitig nachgeschärft werden muß, wenn die Verschleißfase $1/_2$ mm Breite überschreitet.

Eine Gefährdung der aufgelöteten Hartmetall-Platten könnte eintreten, wenn beim Anbohren eines neuen Loches nicht richtig verfahren wird. Die exzentrischen Schneiden neigen nämlich zum Weglaufen von der beabsichtigten Ansatzstelle des Bohrloches. Man muß also langsam anbohren, was sich bei Druckluftmaschinen durch Drosseln des Lufteinlasses durchführen läßt, und wenn möglich durch einen zweiten Mann die Schneide richtig führen.

Hat das Bohrloch schon eine gewisse Tiefe erreicht, so muß die Maschine so geführt werden, daß die Bohrstange immer in der Mitte des Bohrloches läuft. Hängenlassen der Maschine führt außer zu einer überflüssigen Biegebeanspruchung der Bohrstange zu sehr starken seitlichen Kräften auf die Hartmetall-Schneiden. Damit sind Hartmetall-Ausbrüche möglich; zum mindesten tritt aber ein starker seitlicher Verschleiß auf.

d) Großlochbohren in Kohle. Für Sonderzwecke werden vereinzelt auch größere Bohrlöcher von 80···130 mm Dmr. in Kohle benötigt. Das ist beispielsweise beim Vorpfänden an stempelfreier Abbaufront oder beim Schlitzen im Abbaustreckenvortrieb der Fall. Zu diesen Zwecken werden mit Handdrehbohrmaschinen Kernbohrer benutzt, wie sie in der Abb. 37 dargestellt sind. Auf einem Stahlkranz sind auf entsprechenden Vorsprüngen Hartmetall-Plättchen aufgelötet, von denen jedes einzelne etwa die Form eines Fingers einer Drehbohrschneide hat. Der im Innern des Rohres stehenbleibende Kern aus Kohle wird durch einen auch in der Abbildung sichtbaren Kernbrecher zerkleinert. Eine Transportschnecke sorgt gleichzeitig für Abfuhr des Kohlekleins. Der Bohrer wird nach der Zeche, auf der er entwickelt ist, als Kohledrehbohrer „Emscher-Lippe" bezeichnet. Seinen Einsatz behandelt ein Bericht von BORSCHEL [51]. Darin werden Standlängen, d. h. die Anzahl der Bohrmeter bis zum Nachschleifen, je nach der Kohlenhärte zwischen 200 und 500 m genannt. Die Zahl der möglichen Nachschliffe liegt zwischen 20 und 30.

Eine andere Form von Hartmetall-Drehbohrschneiden für Bohrlöcher großen Durchmessers in Kohle ist in Abb. 38 dargestellt. Es wird eine normale zweifingerige Drehbohrschneide kleineren Durchmessers vorangeschickt, während einige cm dahinter mit 2 weiteren Schneiden das vorgebohrte Loch aufgeweitet wird. Die Schneide ist für Wasserspülung gedacht, was durch die Austrittsöffnungen für das Spülwasser sichtbar wird. Die Schneide ist auch für den Einsatz in mildem Gestein brauchbar.

Ein Anwendungsgebiet für solche Schneiden liegt beim Bohren von Löchern in der Kohle zum Zwecke des Kohlensprengens. Dabei wird ein

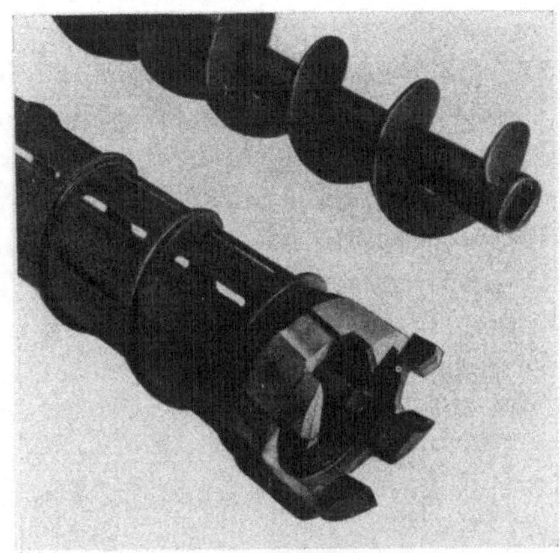

Abb. 37. Kohledrehbohrer „Emscher-Lippe"
(Werkfoto Widia-Fabrik).

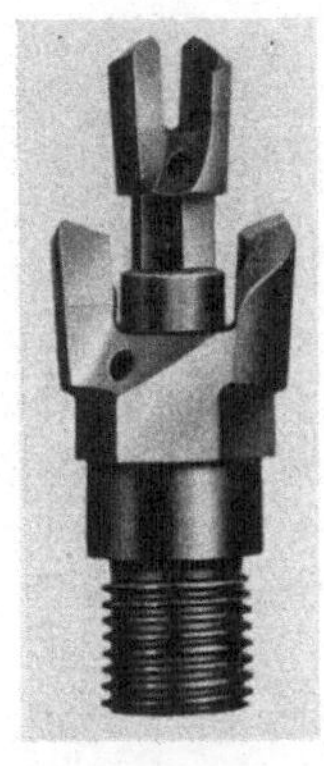

Abb. 38. Drehbohrschneide für
Kohle und weiches Gestein
(Werkfoto Wallram).

Gerät verwendet, das mit Öl- oder Wasserdruck große Kräfte im Bohrloch freimacht, die die Kohle abdrücken und auf diese Weise eine Sprengwirkung ohne Flamme ermöglichen. Über solche hydraulischen Kohlen-

Abb. 39. Amerikanische Großlochbohrmaschine für Kohlegewinnung.

sprenggeräte und die damit gemachten Erfahrungen berichten O. MÜLLER [52] und WASSERMANN [53].

Ein weiteres Anwendungsgebiet von Hartmetall-Schneiden beim drehenden Bohren sehr großer Bohrlöcher in Kohle hat sich in USA bewährt.

Die Kohle zutagetretender Flöze wird dort in der Weise gewonnen, daß
man Bohrlöcher von über 1 m Durchmesser bis zu 200 m waagerecht in
das Kohlenflöz hinein vortreibt. Die Kohle wird durch Transportschnek-
ken zutage gefördert und auf ein Ladeband geleitet, das sie in Lastwagen
abwirft. Die Abb. 39 zeigt die Maschine auf der Stirnseite und läßt den
zweikränzigen mit Hartmetall besetzten Kohlebohrer erkennen. Ferner
sind die Verlängerungen sichtbar, die mit großen Transportschnecken
aus angeschweißten Blechen versehen sind. Mit dieser Maschine wird
Loch neben Loch in das Kohleflöz hineingebohrt. Dabei bleiben zwischen
je 2 Bohrlöchern Rippen stehen, die einen ziemlich großen Abbauverlust
herbeiführen. Es ist bemerkenswert, daß dieses Kohlengewinnungsver-
fahren mit außerordentlich wenig Bedienungsleuten möglich ist. Die zu-
tagegeförderte Kohle wird unmittelbar in Lastwagen geleitet und ab-
gefahren. Die Fördermenge ist unter den dort vorhandenen günstigen
Abbaubedingungen sehr groß und beträgt über 500 t je Schicht, was bei
zwei Schichten je Tag 6000 t je Woche ausmacht. Über dieses neuartige
Abbauverfahren, das nur bei Verwendung von Hartmetall möglich ist,
berichten ODENHAUSEN [54] und REPETZKI [55].

3. Drehendes Bohren in Salz. Sprenglöcher.

Etwa gleichzeitig mit der Anwendung von Hartmetall beim drehenden
Bohren in Kohle wurde auch das drehende Bohren in Salzbergwerken eingeführt. Maschinell gebohrt, und zwar drehend gebohrt, wurde mit Stahlschneiden schon seit geraumer Zeit. Erst durch die Einführung von Hartmetall ließen sich aber die großen Möglichkeiten der Drehbohrmaschinen
richtig ausschöpfen. Darüber hinaus wurden sogar neue Maschinen für die
Verwendung von Hartmetall-Drehbohrschneiden entwickelt, worüber
ZIRKLER [56] berichtet. PASSMANN macht Angaben über die Haltbarkeit
von Hartmetall-Schneiden bis zum ersten Nachschliff und bis zum Unbrauchbarwerden in den verschiedenen Salzarten [57]. Er gibt beispielsweise an, daß in Hartsalz, in dem die Stahlschneide 6 m gestanden hat,
die Hartmetall-Schneide 150 m bis zum Nachschleifen aushält, was einer
Lebensdauer von 2000 m bis zum Unbrauchbarwerden entspricht. Weichere Salzarten, wie Sylvinit, lassen sogar Standzeiten von 150···300 m
bis zum Nachschleifen zu. Es gibt aber auch Salzarten, wie sehr harter
Anhydrit, in dem die Hartmetall-Schneide schon nach 5···6 m nachgeschliffen werden muß, und das Ende der Lebensdauer nach 50···60 m
erreicht ist. Allerdings war in diesem Salz drehend mit Stahlschneiden
kaum zu arbeiten.

a) Schneidenformen. Auch in Salz wurden in jahrzehntelanger Ent-
wicklungsarbeit die verschiedensten Hartmetall-Schneiden ausprobiert.
WINTER schildert in seiner Dissertation Erfahrungen darüber. Er hat

einen Auszug aus dieser Arbeit auch an anderer Stelle [*58*] veröffentlicht. Auch hier haben sich einige Standardformen entwickelt. Man kommt allerdings wegen der größeren Unterschiedlichkeit in der Härte nicht wie bei der Kohle mit einer einzigen Form aus. In der Abb. 40 sind 5 Schneiden einander gegenübergestellt, die für verschiedenen Einsatz vorgesehen sind. Von links nach rechts gesehen ist die erste Schneide der Kohlendrehbohrschneide recht ähnlich. Sie ist für weichere Salze gedacht. Die zweite Schneide hat ebenfalls zwei getrennte Finger und einen breiten und tiefen Mittelschlitz. Der Unterschied zur ersten Schneide liegt darin, daß die Spitzen der Hartmetall-Platten zentrisch sind. Dadurch ergibt sich ein gleichmäßiger Lauf dieser Schneiden beim Bohren. Sie werden bevorzugt in Mischsalzen, Hartsalzen und Anhydrit verwendet.

Die dritte Schneide unterscheidet sich von der vorgenannten dadurch, daß der Mittelkerb flacher und niedriger gehalten ist. Die Schneidspitzen sind ebenfalls zentrisch gestellt. Die Schneidenflügel sind durch die Verbindung in der Mitte

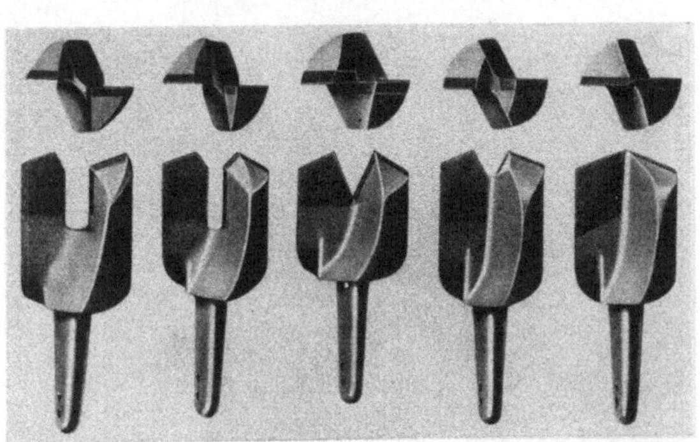

Abb. 40. Drehbohrschneiden für Salz und Gestein
(Werkfoto Wallram).

wesentlich verstärkt. Der Einsatz solcher Schneiden ist in Kalisalzen, und Anhydrit vorteilhaft. Die beiden letzten Schneiden sind für Erz und weiches Gestein bestimmt.

Als Befestigung zwischen Schneide und Bohrstange hat sich im deutschen Salzbergbau der Flachzapfen durchgesetzt. Er ist aus der Abb. 40 zu erkennen und in den DIN-Blättern 20393 sowie 20385 (Entwurf) und 20390 (Entwurf) Form A aufgezeichnet. Die zugehörige Bohrung in der Bohrstange ist auf dem DIN-Blatt 20381 für die Form A in ihren Abmessungen festgelegt. Die genannten Normblätter der Drehbohrschneiden enthalten auch die Maße für Durchmesser, Kerb- und Schneidenwinkel. Die genormten Durchmesser der Drehbohrschneiden bewegen sich in Grenzen von 32 bis 44 mm. Dabei sind die kleineren Breiten von 32 bis 36 mm für Handdrehbohrmaschinen bestimmt, während die größeren von 36 bis 44 mm für Säulendrehbohrmaschinen vorgesehen sind. Der bevorzugte Schneidendurchmesser ist 40 mm. Großlochbohrungen mit Durchmessern von 60 bis 200 mm sind im Salz nicht üblich.

b) Bohrmaschinen. Für die drehende Herstellung von Bohrlöchern in Salzen werden fast ausschließlich elektrisch angetriebene Bohrmaschinen verwendet. Es haben sich in Deutschland überall die Maschinen der Siemens-Schuckert-Werke durchgesetzt. Sie wiegen etwa 80 kg und sind damit zu schwer, um von Hand geführt zu werden. Man verwendet sie daher in Verbindung mit Säulen, die zwischen dem Liegenden und Hangenden verspannt werden. Diese Säulen sind rahmenartig ausgebildet (Abb. 41) und tragen an einer Traverse den Bohrmotor, der die Bohrspindel antreibt. Die Leistungsaufnahme dieses Motors beträgt 2,9 kW, während 1,8 kW als Stundenleistung an die Bohrspindel abgegeben werden. Die Maschine hat ein fest eingebautes Getriebe und kann für verschiedene Spindeldrehzahlen, die zwischen 660 und 225 U/min liegen, geliefert werden. Der Vorschub der Bohrspindel geschieht zwangsläufig durch Gewinde, ist also von der Drehzahl abhängig und liegt zwischen 1700 und 260 mm je Minute. Damit ergeben sich Spanstärken zwischen 2,6 und 1,15 mm. Um Überlastungen der Schneide und des Motors zu vermeiden, ist eine Rutsch-Kupplung eingebaut, die den Bohrdruck auf 600 kg begrenzt.

Abb. 41. Elektrische Drehbohrmaschine für Salz (Werkfoto SSW).

Gegenüber Handdrehbohrmaschinen erscheint das größere Gewicht der Säulendrehbohrmaschine und das zusätzliche Gewicht der Spannvorrichtung mit etwa 33 kg erschwerend im Betrieb. Dabei muß aber bedacht werden, daß die Rüstzeiten für Auf- und Abbau der Maschine durch geschickte Konstruktion nur klein sind, während auf der anderen Seite die kräftige Maschine durch Vergrößerung der Bohrgeschwindigkeit eine Zeitersparnis herbeiführt, die den Mehraufwand für den Auf- und Abbau wieder ausgleicht. Das wird verstärkt dadurch, daß man ein Abbauverfahren anwendet, das verhältnismäßig tiefe Bohrlöcher gestattet. Auch ist es möglich, von der einmal eingespannten Maschine aus durch einfaches Schwenken mehrere Bohrlöcher fächerartig herzustellen.

Die Fa. Bosch stellt eine Hochfrequenz-Bohrmaschine her, die ebenfalls für das drehende Bohren im Bergbau gedacht ist. Es handelt sich dabei um eine leichtere Maschine von 11,5 kg Gewicht und einer Leistung von 2 kW. Es sind zwei Ausführungen vorhanden für Drehzahlen von 700 und 420 U/min, die von Hand bedient werden. Dieselben Maschinen können auch auf einen Schlitten aufgelegt und mit der Bohrstange von Hand vorgeschoben werden. Das Gewicht beträgt dann 37 kg. Bohrmaschine und Vorschubvorrichtung sind in einer Spannsäule montiert, die dieselbe Form hat wie bei der Siemens-Maschine. Diese Spannsäulen sind in ihren Abmessungen nach DIN 20383 festgelegt.

4. Drehendes Bohren in Gestein. Sprenglochbohren.

Entsprechend den Erkenntnissen von BESIGK und KÜHNE war das drehende Bohren mit von Hand geführten Maschinen lediglich in sehr weichen Gesteinen möglich, die nur einen kleinen spezifischen Bohrdruck verlangen, d. h. daß das Handdrehbohren auf Tonschiefer, Schiefer, weiche Kalksteine und mildes Erz beschränkt ist. An diesen Stellen werden dieselben Maschinen verwendet, wie sie für drehendes Bohren in Kohle beschrieben worden sind, jedoch haben die Hartmetall-Schneiden andere Formen. Hierüber haben MÜLLER und WÖHLBIER [59] Untersuchungen angestellt. Es haben sich Schneiden durchgesetzt wie sie in der Abb. 40 gezeigt wurden. Dabei handelt es sich um eine symmetrische Schneide mit kleiner keilförmiger Kerbung, die die günstige Wirkung eines Mittelkerbs mit einer stabilen Form der Finger verbindet. Die Befestigung in der Bohrstange geschieht wie bei den Kalibohrern mit der flachen Angel. Diese Schneidenform ist zweckmäßig in Schiefer oder weichem Erz zu verwenden. Für etwas härtere Gesteine, die aber vergleichsweise immer noch weich sind, benutzt man mit Vorteil Schneiden nach Abb. 40 rechts außen. Es fällt auf, daß kein Mittelkerb mehr vorhanden ist. Die Schneide wird als Dachschneide bezeichnet. Durch die Verbindung der ursprünglich vorhanden gewesenen 2 Finger ist eine große Stabilität der Schneide und damit eine Eignung auch für härtere Gesteine entstanden.

Bei den genannten Gesteinsarten treten keine Quarzbestandteile auf. Das entstehende Bohrklein ist daher Silizium-frei und kann keine Silikose-Erkrankung verursachen. Aus diesem Grunde ist keine Bindung des Bohrmehls mit Wasser vorgeschrieben. Man kann daher auf Wasserspülung verzichten und entfernt das Bohrklein mit Hilfe von Transportschnecken aus dem Bohrloch, die durch Verwendung eines Schwertprofils entstehen. Es werden also dieselben Bohrstangen verwendet wie beim drehenden Bohren in Kohle oder Salz.

Einen Übergang zwischen dem Handdrehbohren und dem maschinellen Drehbohren in Gestein bildet ein Gerät, das von der Fa. Fein, Stuttgart, hergestellt wird. Es handelt sich dabei um eine einfache Vorschubschiene, die die elektrische Drehbohrmaschine von ungefähr 30 kg Gewicht trägt. Die Schiene wird mit einem Spreizkeil am vorderen Ende in einem kurzen vorgebohrten Loch befestigt und hinten durch 2 verstellbare Stützen getragen. Das Gesamtgewicht beträgt 45 kg. Mit diesem Gerät kann man auch in hartem Kalkstein bohren und erreicht Bohrgeschwindigkeiten von 10···12 cm/min bei 37 mm Lochdurchmesser. Für das Bohren von Sandstein ist allerdings auch diese Maschine nicht geeignet. Sie hat sich vorwiegend in Kalksteinbrüchen eingeführt.

Etwa seit dem Jahre 1948 ist vom deutschen Steinkohlenbergbau ausgehend ein neues Drehbohrverfahren entwickelt worden, welches gestattet, auch in härteren und quarzhaltigen Gesteinen wie weichem oder mittelhartem Sandstein drehend zu bohren. Man erkannte, daß dazu Andrücke von 1500 bis 2000 kg bei Schneidendurchmessern von 40 mm notwendig waren. Bei derartig hohen Andrücken wird auch in härteren Gesteinen der spezifische Bohrdruck so groß, daß der kritische Druck überschritten ist und nicht schabend, sondern grabend mit großer Bohrgeschwindigkeit gearbeitet wird, ohne daß ein großer Verschleiß eintritt.

Diese Bohrungen werden vor allem angewendet, um Sprengbohrlöcher von 2···3 m Tiefe drehend herzustellen. Es gibt aber noch ein anderes Anwendungsgebiet, das ursprünglich von Deutschland ausgehend in den Vereinigten Staaten von Nordamerika weitgehend Anwendung gefunden hat, und zwar das Bohren von Löchern für den Ankerausbau. Es handelt sich dabei um ein Verbinden der Hangendschichten des Gebirges durch eingeführte Zuganker, ein Verfahren, das in USA als *Roof Bolting* bezeichnet wird und jetzt auch in Europa und Deutschland zunehmend Anwendung findet [60]. Zu dem Zweck werden Bohrlöcher von 1···2 m Tiefe senkrecht nach oben oder geneigt in die Dachschichten der Strecken eingebracht. Die Durchmesser dieser Bohrlöcher sind mit etwa 30 mm etwas geringer als die der Sprengbohrlöcher. Sie lassen sich in weichen Gesteinen drehend herstellen, für härtere Gesteine benutzt man Schlagbohrhämmer mit entsprechenden Vorschubeinrichtungen oder kleineren, auf gummibereiften Rädern fahrenden Bohrwagen [61]. In beiden Fällen müssen Hartmetall-Schneiden verwendet werden, ohne die eine genaue Einhaltung des Bohrlochdurchmessers, die für die sichere Befestigung der Ankerbolzen notwendig ist, nicht erreicht werden kann.

a) Bohrschneiden und Bohrstangen. Nach einer verhältnismäßig kurzen Entwicklungszeit von nur 2···3 Jahren ist das Verfahren der drehenden Herstellung von Sprengbohrlöchern, das vor allem neue Maschinen erforderte, bis zur Betriebsreife entwickelt worden. Den gänzlich anders gearteten Bohrbedingungen mußten auch neuartige Bohrschneiden entsprechen. Über die Entwicklung der Schneidenformen hat Schulz in der Zeitschrift „Glückauf" [62] ausführlich berichtet. Es haben sich hauptsächlich zwei Schneidenformen herausgebildet, wobei die eine (Abb. 42) der zweifingerigen Schneide für mildes Gestein ähnelt. Der Mittelkerb geht nicht bis zur Tiefe der aufgelöteten Hartmetall-Platten hinab. Die Schneiden sind auch nicht spitz, sondern rund geschliffen. Das ist die Schneidenform, die sich durch Verschleiß automatisch bildet und dann durch Nachschleifen in dieser Form gehalten werden kann. Durch das Fehlen des Mittelkerbs ist der Stahlschaft sehr widerstandsfähig gegen Formänderungen während des Drehens geworden, wie auch die Unterstützung der Platten von hinten sehr stark ausgeführt ist. Rein äußerlich unterscheiden sich derartige Drehbohrschneiden für härteres Gestein von den bisher beschriebenen dadurch, daß sie nicht mit Zapfen oder Angel in den Bohrer eingesetzt werden, sondern mit einem Rundgewinde auf die Bohrstangen, die entsprechendes Gegengewinde tragen, aufgeschraubt werden. Die Kronen haben dabei ein Innengewinde, während in die Bohrstangen ein Außengewinde eingeschnitten ist. Die Gewindeform und die Abmessungen der Schneidenbefestigung sowie die Schneidendurchmesser sind in dem Normblatt DIN 20398 (Entwurf) festgelegt. Das Anziehen der aufgeschraubten Drehbohrschneiden wird durch

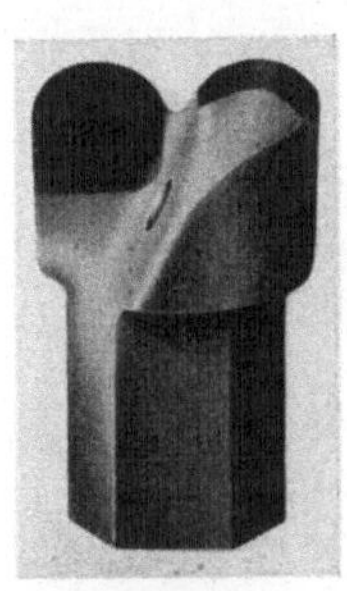

Abb. 42. Drehbohrschneide für mittelhartes Gestein (Werkfoto Widia-Fabrik).

Abb. 43. Drehbohrschneide für mittelhartes Gestein (Werkfoto Wallram).

eine 6-kantige Ausbildung des unteren Schaftteiles ermöglicht, wie es aus der Abbildung zu erkennen ist. Der Sechskant hat eine Schlüsselweite von 27 mm und ein Eckenmaß von 31 mm, das Rundgewinde einen Außendurchmesser von 20 mm, so daß diese Schneiden auf Bohrstangen von 30 mm Dmr. passen. Der Außendurchmesser der Schneiden ist in zwei Größen, und zwar 36 und 40 mm, festgelegt.

Eine zweite Form von Drehbohrschneiden für härteres Gestein zeigt die Abb. 43. Im Gegensatz zu der vorbeschriebenen ist hier der Mittelkerb wie gewöhnlich bis über die Tiefe der Hartmetall-Plättchen hinaus eingearbeitet. Der starke biegungsfeste Schaft hinter den Plättchen ist jedoch beibehalten worden. Die Schneiden sind mit Spitzen versehen, die oben zentrisch angeordnet sind. Auch diese Drehbohrschneide hat dasselbe Innengewinde und denselben 6kantigen Schaft. Beide Schneiden haben große Bohrungen für die Zuführung von Spülwasser, welches das Bohrklein aus dem Bohrloch entfernen soll.

Wenn man diese beiden Formen als Zweischneider bezeichnet, hat sich für klüftiges Gebirge eine Sonderform entwickelt, die Dreischneider genannt wird. Wie die Abb. 44 erkennen läßt, sind jetzt 3 Schneiden im

Kreise gleichmäßig verteilt angeordnet, von denen wiederum jede auf der Rückseite durch eine starke Stahlrippe gestützt wird, während in der Mitte ein tiefer Kerb vorhanden ist. Durch die Vermehrung der Schneiden tritt zwar eine Verteuerung ein, und es kommt hinzu, daß durch Vergrößerung der Schneidenlänge eine größere Andruckkraft zur Überwindung des kritischen Bohrdruckes nötig ist. Es wird aber dadurch erreicht, daß für den Fall, daß ein Spalt quer durch das Bohrloch hindurchläuft, nicht zwei gegenüberliegende Schneiden sich festklemmen können und dann durch das starke Drehmoment der Bohrmaschine das Hartmetall zerstört wird. Diese Gefahr ist bei der dreifingerigen Schneide beseitigt. Eine Sonderform derselben Schneide zeigt die Abb. 45. Sie ist für größere Durchmesser bestimmt. Weil dann beim Drehen der äußere Umfang einen großen Weg zurückzulegen hat, ist die Schneide an dieser Stelle durch Verschleiß gefährdet. Dem soll durch „Panzern" des Stahlkörpers mittels einer Hartmetall-Aufschweißlegierung begegnet werden (vgl. Abschnitt Hartlegierungen). Beide Dreifingerschneiden haben einen runden Schaft,

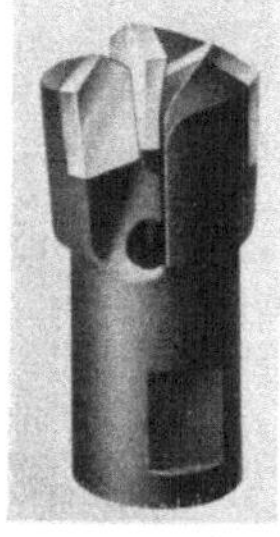

Abb. 44. Dreischneider für mittelhartes klüftiges Gestein (Werkfoto Wallram).

Abb. 45. Dreischneider mit Panzerung (Werkfoto Widia-Fabrik).

sind aber ebenso wie die zweifingerigen Drehbohrschneiden für das Aufschrauben auf Gestänge mit Rundgewinde ausgebildet und tragen Schlüsselflächen, mit denen sie festgezogen und wieder gelöst werden können.

Bei der Entwicklung der Drehbohrschneiden in härterem Gestein wurden auch verschiedene Hartmetall-Sorten ausprobiert. Zunächst stellte sich heraus, daß bei dem starken Andruck Hartmetall-Ausbrüche recht häufig waren. Man wich dann in ein weicheres und zäheres Hartmetall aus, das aber auch schneller zum Verschleiß führte. Zunächst lagen auch noch keine Erfahrungen vor, wieviel Standdauer bis zum Nachschleifen erwartet werden durfte. Das war sehr wesentlich auch von der Gesteinsart und Zusammensetzung abhängig. Mit zunehmender Erfahrung ließen sich auch die Standdauern steigern, die beispielsweise in hartem, quarzhaltigem Sandstein 4···6 m, in Schiefer aber bis zu 40 oder sogar 60 m betrugen. Näheres hierüber wird im Abschnitt „Wirtschaftlichkeit des drehenden Bohrens" gesagt. Heute werden Hartmetall-Qualitäten der Sorte G 2 mit ca 10% Co ohne größere Anstände verwendet. Man kann aber auch in Richtung des härteren Materials Sorten mit 7···9% Co versuchen, wie sie etwa von Wallram unter der Bezeichnung

WB 2 oder von der Widia-Fabrik mit G 69 geliefert werden. Sollte allerdings die Marke G 2 schon zu hart gewesen sein und Ausbrüche herbeiführen, so kann man auch in Richtung G 3 nach dem weicheren Material hin Zwischensorten mit etwa 12% Co verwenden, wie sie beispielsweise bei Wallram unter der Bezeichnung G2A läuft.

Im Gegensatz zum Handdrehbohren findet das maschinelle Drehbohren Anwendung in Silizium-haltigem Sandstein, dessen Bohrstaub die Silikoseerkrankung herbeiführt, wenn er in die Lungen gerät. Wenn auch beim drehenden Bohren ein gröberes Bohrmehl anfällt als beim schlagenden Bohren, so ist doch noch ein genügender Anteil an Feinstaub vorhanden, um Erkrankungen herbeizuführen. Es ist daher Vorschrift, daß bei Bohrlöchern im Untertagebetrieb des Bergbaues mit Wasserspülung gearbeitet werden muß. Das Wasser wird gleichzeitig dazu benutzt, das anfallende Bohrklein aus dem Bohrloch herauszutransportieren. Da beim drehenden Bohren große Bohrgeschwindigkeiten bis zu 2 m/min auftreten, ist der Anfall an Bohrklein sehr groß, so daß auch große Wassermengen für die Entfernung desselben notwendig sind. Daher werden auch Bohrstangen verwendet, die eine große Spülbohrung von 8 mm Dmr. im Innern haben, und auch die Schneiden haben entsprechend große Austrittslöcher für den Wasserstrahl. Infolgedessen ist auch der Wasserverbrauch nicht gering und beträgt nach Messungen 25···30 l/min. Gegenüber 2···3 l/min beim Bohrhammer erscheint das hoch. Bezieht man jedoch die Spülwassermenge auf je 1 m Bohrlochlänge, so sinkt die Zahl für das drehende Bohren auf etwa 20 l/m, während beim Bohrhammer mit einer Bohrgeschwindigkeit von 15···20 cm/min der Wasserverbrauch sich ebenfalls zu etwa 20 l/m ergibt.

Die Bohrstangen werden aus Rundstahl von 30 mm hergestellt. Die Wasserzuführung geschieht durch mit der Bohrmaschine verbundene Spülköpfe. Bei großen Bohrgeschwindigkeiten entsteht kein Bohrmehl, sondern ein großer Teil des Bohrkleins fällt körnig an, d. h. ein genügend großer Raum zwischen Bohrschneide und Bohrwand ist freizuhalten. Ausgehend von dem Stangendurchmesser von 30 mm braucht man an jeder Seite 4···5 mm, so daß sich Schneidendurchmesser von 38···40 mm ergeben. Eine Verbilligung der Schneiden und eine noch weitere Vergrößerung der Bohrgeschwindigkeit wäre denkbar, wenn man den Schneidendurchmesser herabsetzen könnte. Das würde aber voraussetzen, daß man den Bohrstangendurchmesser mit verkleinert. Jedoch ist dies aus Festigkeitsgründen nicht möglich, da bei den hohen Andrücken von 1500···2000 kg und den Bohrstangenlängen von 2,5···3 m ein seitliches Ausknicken eintreten würde. Im übrigen ist die Beanspruchung der Bohrstangen beim reinen Drehbohren gering, so daß auch die Haltbarkeit der Stangen gegenüber Schlagbohrstangen außerordentlich hoch ist und mehrere tausend Bohrmeter erreicht.

b) Bohrmaschinen. Die Vorbedingungen für das drehende Bohren in härterem Gestein — hoher Andruck, großes Drehmoment, große Bohrgeschwindigkeit — sind so, daß man Hochleistungsmaschinen nötig hat, die ein großes Gewicht haben und zur Einsparung von Rüstzeiten weitgehend mechanisiert sein müssen. Die Drehbohrmaschinen sind daher auf großen und schweren Bohrwagen untergebracht. Eine Fotografie eines derartigen Bohrwagens am Einsatzort im Gesteinsstreckenvortrieb einer Ruhrzeche ist in der Abb. 46 gezeigt. Man erkennt einen Bohrwagen mit zwei schwenkbaren Armen, die jeweils eine lange Lafette tragen, auf der die Bohrmaschine vor- und zurücklaufen kann. Ein großer Luftschlauch

Abb. 46. Drehbohrmaschine für starken Andruck im Streckenvortrieb
(Werkfoto Hausherr Söhne).

führt die Antriebsenergie zu, die durch zahlreiche Verteilungsschläuche den Bohrmaschinen und Vorschubmaschinen zugeführt wird, während weitere Schläuche die Zufuhr des Spülwassers besorgen. Ein kräftiger Stempel, der mit Druckluft beaufschlagt wird, stützt die Maschine gegen das Hangende ab und sorgt für eine derartig starke Verankerung, daß die großen Andruckkräfte, insbesondere bei mehrarmigen Maschinen, aufgenommen werden können. Die Maschine muß fahrbar eingerichtet sein, um sie nach dem Bohren der Sprenglöcher für die dann folgenden Arbeiten zurückziehen zu können. Man hat auch die Einrichtung geschaffen, den ganzen Bohrwagen hochzuziehen — diesem Zweck dient die auf der Abbildung sichtbare Gliederkette —, um dann mit einer geeigneten Ladevorrichtung, z. B. Stoßschaufellader, unter der Maschine weg das nach dem Sprengen anfallende Haufwerk maschinell entfernen zu können.

In Deutschland stellen zwei Firmen derartige Bohrwagen her, die sich in Einzelheiten unterscheiden, grundsätzlich aber dieselbe Wirkungsweise haben. Es handelt sich um die Firmen Hausherr & Söhne in Sprockhövel sowie Nüsse & Gräfer, ebenfalls in Sprockhövel/Westf. Die Abb. 47 zeigt einen einarmigen Hausherr-Bohrwagen in der Seitenansicht, ähnlich wie er vorher in der Betriebsabbildung gezeigt war. Der eigentliche Bohrmotor ist auf einer Rahmenlafette verschiebbar untergebracht. Er dreht die Bohrstange, die durch mehrfache Unterstützung auf der Lafette geführt ist und vorne die Drehbohrschneide trägt. Unter der Lafette ist ein weiterer kleinerer Motor angebracht, der den Vorschub besorgt. Beide Motoren sind Drehkolbenmaschinen oder Lamellenmotoren. Die Bohrmotoren haben Leistungen von 4$\cdots$6 PS, die Vorschubmotoren etwa 2 PS. Der Vorschubmotor dreht eine Spindel und drückt damit den Bohrmotor und die Bohrstange gegen das Gestein. Die Lafette ist an einem Arm befestigt, der ausgefahren und um eine horizontale Achse geschwenkt werden kann. Damit ist es möglich, die ganze Ortsbrust zu bestreichen. Diese einarmige Maschine genügt für Streckenquerschnitte von 6$\cdots$10 m², für größere Streckenquerschnitte

Abb. 47. Einarmiger Bohrwagen für drehendes Bohren (Werkfoto Hausherr Söhne).

von 11$\cdots$20 m² wird ein zweiarmiger Bohrwagen verwendet, der auch zwei Lafetten mit zwei Bohrmaschinen trägt, die gleichzeitig und unabhängig voneinander arbeiten. Alle Bewegungen sind maschinell, wodurch das Umsetzen der Bohrmaschine von einem Bohrloch zum nächsten sehr schnell vor sich geht. Die unvermeidliche Rüstzeit beim Aufstellen und Zurückfahren des ganzen Bohrwagens zu Beginn und Ende der Bohrarbeit wird durch die große Bohrgeschwindigkeit bei weitem wieder ausgeglichen.

Die Bohrwagen der Fa. Nüsse & Gräfer sehen ähnlich aus. Auch sie arbeiten mit einem, zwei oder mehr Bohrarmen. Auch hier werden Bohrmaschinen auf langen Lafetten bewegt und alle Bewegungen der Arbeit maschinell durchgeführt. Unterschiede bestehen lediglich darin, daß die Maschinen für das Bohren und den Vor- und Rückschub als Zahnradmotoren ausgebildet sind und der Vorschub über Ritzel und Zahnstange durchgeführt wird. Die Nüsse und Gräfer-Maschine wird nicht mit einem Druckluftstempel verspannt, sondern hält sich mit kräftigen Schienen-

zangen an den Geleisen fest. Über die Entwicklung und die Ausführung
sowie die Bewährung im Betrieb derartiger Maschinen ist in der Literatur
mehrfach berichtet worden. Auch haben einzelne Zechen in eigener Ent-
wicklungsarbeit derartige Maschinen selbst gebaut. SCHULZ und TRÖS-
KEN [63] beschreiben die Entwicklung der Nüsse & Gräfer-Maschinen,
während MIDDENDORF [64] über die Versuche auf der von ihm geleiteten
Zeche berichtet. Auch in einem weiteren Aufsatz von MIDDENDORF und
SCHULZ [65] wird auf die Bauarten von Bohrwagen mit Drehbohrmaschinen eingegangen.

c) Betriebsanweisungen. Beim drehenden Bohren von schweren Bohrwagen aus werden die Bohrstange und die Schneide gut geführt und
bleiben in ihrer Richtung, so daß damit eine Reihe von Fehlern, die beim
Handbohren entstehen können, von vorneherein ausgeschaltet sind. Infolgedessen ist es nicht nötig, so viele Betriebsvorschriften zu geben, wie
es etwa beim schlagenden Bohren notwendig ist.

Ein wichtiger Punkt ist auch hier das Anbohren eines neuen Bohrloches. Die zweifingerigen Schneiden neigen dazu, von der vorbestimm-
ten Stelle seitwärts wegzulaufen. Dabei entstehen seitliche Kräfte, die
entweder die Bohrstange auf Biegung beanspruchen oder versuchen, die
ganze Lafette, die die Bohrmaschine trägt, zu verdrehen. Man muß daher
vorsichtig anbohren, bis die ersten 2···3 cm Bohrloch fertiggestellt sind
und eine Führung für das weitere Bohren ergeben. Dann kann man mit
vollem Luftdruck und großer Andruckkraft weiterbohren. Unterstützt
wird diese Maßnahme durch eine Einrichtung an den Bohrwagen, die die
Lafette an der Ortsbrust verankert. Dies geschieht durch eine mit Druckluft vorgeschobene Spitze, die sich einen Halt in den Unregelmäßigkeiten
der Gesteinsfläche sucht und damit ein unbeabsichtigtes Verdrehen oder
Verschieben des Bohrarmes verhindert. Vgl. HOHENSTEIN [66].

Die Größe des Andruckes bei derartigen Maschinen ist von ausschlag-
gebender Bedeutung für den Bohrdruck und für eine möglichst große
Standdauer der Hartmetall-Schneiden. Man muß daher den Andruck
entsprechend der vorgefundenen Gesteinshärte regeln. Ein Kennzeichen
für den richtigen Andruck und damit für das richtige Bohren ist der Zustand des aus dem Bohrloch fließenden Gemisches von Bohrklein und
Spülwasser. Dieses Wasser muß trübe aussehen, was der Fall ist, wenn
grobes Bohrklein herausgeschwemmt wird. Macht das Spülwasser einen
milchigen Eindruck, so ist das ein Zeichen dafür, daß das Bohrmehl
staubförmig klein anfällt; es muß dann entweder der Andruck verstärkt
oder eine neue Bohrschneide genommen werden. Eine stumpfe Bohrschneide kann kein grobes Korn erzeugen, sondern arbeitet mehr schabend
so daß nur feines Bohrmehl anfällt. Es ist demnach wesentlich, rechtzeitig die Abstumpfung der Hartmetall-Drehbohrschneide zu erkennen.
Normalerweise bohrt man in weichen und mittelharten Gesteinen mehrere

Bohrlöcher mit einer Schneidenschärfung, doch kommt es in härteren Gesteinen auch vor, daß man innerhalb eines Bohrloches die Schneide wechseln muß.

Äußeres Kennzeichen für die Stumpfung der Schneide ist die Verschleißfasenbreite, die auf der Spitze der Drehbohrschneide sichtbar wird. Diese Fase verbreitert sich entsprechend der Zerspanungsarbeit von der Mitte nach außen hin und sieht dann in der Draufsicht keilförmig aus. Die größte Breite der Verschleißfase darf $2 \cdots 2^1/$mm nicht überschreiten. Ist dieser Zustand erreicht, so muß die Schneide aus dem Betrieb genommen werden. Hartmetall-Schneiden werden geschont, wenn man sie rechtzeitig nachschleift. Man erreicht wahrscheinlich eine größere Standdauer der Drehbohrschneide bis zum vollständigen Verbrauch, wenn man jeweils früher nachschleift, dafür aber häufiger nachschleifen kann. Es ist zweckmäßig, hierüber Vergleichsversuche im eigenen Betrieb durchzuführen. Für das Nachschleifen von Gesteinsdrehbohrschneiden schlägt O. MÜLLER [67] eine praktische Schablone vor, die in dem Aufsatz abgebildet ist und die man sich leicht selbst anfertigen kann.

Wird mit stumpfen Schneiden gebohrt, so sinkt nicht nur der Bohrfortschritt erheblich, sondern es besteht auch die Gefahr, daß die Hartmetall-Auflage zu Bruch geht. Es ist richtiger, frühzeitig zu schleifen und eine geringere Lebensdauer in Kauf zu nehmen als die letzte Möglichkeit der Standdauer zwischen 2 Schliffen auszunutzen und damit einen größeren Prozentsatz an vorzeitigen Brüchen zu erhalten.

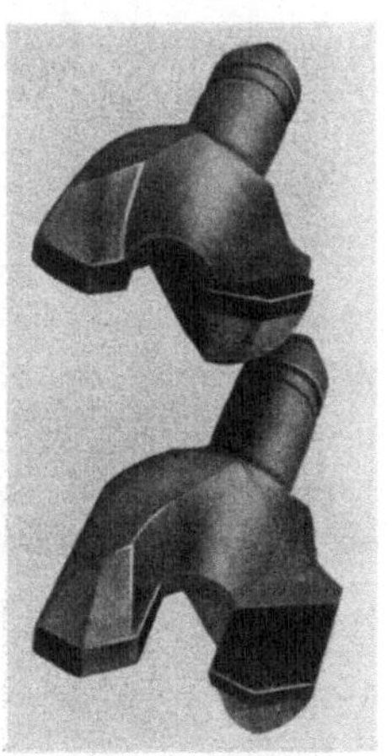

Abb. 48. Verbrauchte und neue Drehbohrschneide (Werkfoto Widia-Fabrik).

d) Nachschleifen. Drehbohrschneiden lassen sich verhältnismäßig leicht nachschleifen. Die Form der vorwiegend benutzten Zweifingerschneide ist so, daß lediglich am Rücken nachgeschliffen werden muß. Dieser Teil ist leicht zugänglich. Die Abb. 48 zeigt 2 Drehbohrschneiden, von denen die obere weitgehend verbraucht ist. Das ist daran zu erkennen, daß die Hartmetall-Platten sehr kurz geworden sind. Dagegen läßt die untere Schneide dieser Abbildung erkennen, daß die Schneide noch neu und die Hartmetall-Platte noch lang ist. Die beiden Flächen, an denen nachgeschliffen wird, sind unten besonders gut zu sehen. Bei jedem Schleifen soll nur wenig weggenommen werden, um eine möglichst große Anzahl von Nachschliffen zu erreichen. Dabei muß allerdings darauf geachtet werden, daß beide Finger gleichmäßig nachgearbeit werden. Insbesondere ist es wichtig, daß die beiden Spitzen gleich hoch sind, weil sich sonst eine Platte schneller abarbeiten würde als die andere. Ferner muß darauf geachtet werden, daß bei zentrischen Schneiden die beiden Spitzen denselben Abstand von der Mittelachse haben. Es ist nicht einfach, diese Bedingungen beim Nachschleifen von Hand einzuhalten; das gelingt erst dem geübten Schleifer. Daher ist auch für Drehbohrschneiden eine Schablone als Hilfsmittel zweckmäßig, die je nach der Form der Drehbohrschneiden kleine Unterschiede haben kann. Für das Beispiel des Kalidrehbohrers mit zentrisch angeordneten Spitzen ist in der Abb. 49 die Zeichnung einer Schleifschablone wiedergegeben, die man sich leicht selbst anfertigen kann.

Einfacher ist es, Schleifmaschinen zu benutzen, die die Drehbohrschneiden heranführen. Solche Maschinen werden von der Fa. Eickhoff, Bochum, gebaut, von der die Abb. 50 ein Arbeitsbeispiel zeigt. Man erkennt einen Dreischneider für drehendes Bohren in hartem, klüftigem Gestein, der nachgeschliffen werden soll. Auch die bereits unter schlagendes

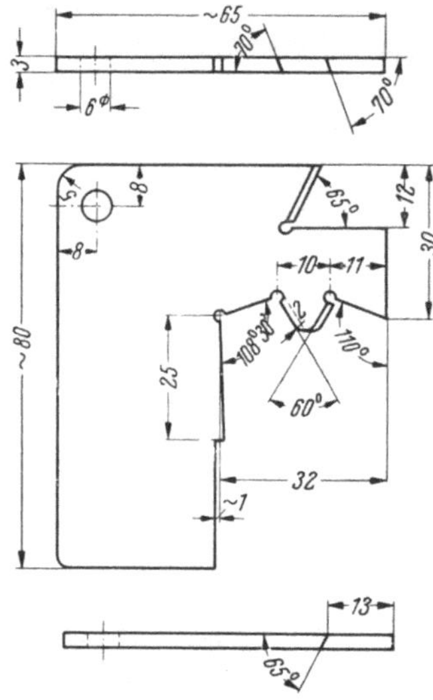

Abb. 49. Schablone für das Nachschleifen von Drehbohrschneiden.

Bohren erwähnte Schleifmaschine der Fa. Bielemeyer, Menden/Westf., läßt sich für diesen Zweck verwenden. In 2 Aufsätzen von SCHWAGER [20] und KALPERS [21] wird auf Einzelheiten des maschinellen Nachschleifens, speziell auch von Drehbohrschneiden, eingegangen.

e) Wirtschaftlichkeit des drehenden Sprenglochbohrens. Wirtschaftlichkeitsuntersuchungen sind vergleichende Kostenrechnungen, welche alle entstehenden Einzelkostenarten eines Verfahrens denen einer anderen Methode gegenüberstellen. Ein Schema der beim

Abb. 50. Maschinelles Nachschleifen einer Drehbohrschneide (Werkfoto Eickhoff).

Sprenglochbohren und ähnlichen Arbeiten entstehenden Einzelkosten ist im Abschnitt Schlagbohren gegeben worden. Wendet man die dort erwähnten Grundsätze auf das drehende Bohren mit Hartmetall-Schneiden in Kohle oder Salz an, so stünde zum Vergleich nur das drehende Bohren mit Stahlschneiden. Die Vorteile der Hartmetall-Schneiden sind für diesen Fall so groß, daß sich leicht eine wirtschaftliche Überlegenheit des Bohrverfahrens mit Hartmetall-Schneiden errechnen läßt. Diese Tatsache wurde bereits vor mehreren Jahrzehnten erkannt, so daß das drehende Bohren mit Stahlschneiden aus den Bergbaubetrieben verschwunden ist.

Schwieriger liegen die Verhältnisse beim drehenden Bohren in Gestein. Hier ergibt sich eine Grenze der Wirtschaftlichkeit in härteren Gesteinen. Zum Vergleich steht dabei das schlagende Bohren mit Bohrhämmern und Handbetrieb oder mit Hammerbohrmaschinen auf Bohrwagen. Nachdem weiter oben die Kostenrechnung des schlagenden Bohrens erläutert worden ist, sollen jetzt die einzelnen Kostenarten beim drehenden Bohren betrachtet werden, soweit sich Unterschiede gegenüber dem schlagenden Bohren ergeben.

Für die Ermittlung der Kapitalkosten, die sich aus Abschreibung und Verzinsung der Bohrmaschinen und Bohrwagen ergeben, ist die richtige Kenntnis der Lebensdauer dieser Geräte bis zum Verbrauch wichtig. Da es derartige Maschinen erst seit einigen Jahren gibt und ihre Entwicklung noch nicht abgeschlossen ist, kann man noch keine genauen Zahlen darüber angeben. In einer Kostenuntersuchung nimmt SCHLÜTER [68] 4 Jahre als Lebensdauer an. MIDDENDORF und SCHULZ [65] rechnen nicht über die Jahre, sondern über die Anzahl der bis zum Verbrauch erreichten Bohrmeter. Sie nehmen für die Drehbohrmaschinen eine Haltbarkeit von 30000 Bohrmetern und für einen zweiarmigen Bohrwagen 180000 Bohrmeter an. Das entspricht bei einschichtigem Betrieb und einem Abschlag von 50 Bohrmetern pro Tag bei 300 Arbeitstagen im Jahr einer Lebensdauer von 2 Jahren für die Bohrmaschine und 12 Jahren für den Bohrwagen. Das Letztere scheint entschieden zu hoch gegriffen, selbst wenn man forcierten dreischichtigen Betrieb ansetzt. Dann würden sich 6 bzw. 4 Jahre Lebensdauer ergeben, die aber für 2- oder 3-schichtigen Betrieb zu hoch erscheinen. Die nach der Rentenformel errechneten Kapitalkosten werden in DM/Jahr eine recht hohe Summe ergeben, da auch der Anschaffungspreis hoch ist. Diese Kosten verteilen sich aber auf eine sehr große Anzahl von Bohrmetern, so daß der Wert der Kapitalkosten in DM pro m trotzdem niedrig wird.

Es wird darauf verzichtet, Zahlen für die Wirtschaftlichkeitsberechnung aufzuführen. Einmal sind die Anschaffungspreise für die Geräte unterschiedlich, zum anderen ist noch eine zu große Unsicherheit in der Lebensdauer vorhanden. Vor allem wird sich bei den weiteren Untersuchungen auch der anderen Kostenarten ergeben, daß die Einsatzbedingungen sehr verschieden sind. Damit sind sehr große Unterschiede auch in der Bohrgeschwindigkeit und damit in den Lohnkosten sowie vor

allem in der Schneidenhaltbarkeit und damit in den Materialkosten möglich. Mittelwerte lassen sich nur aus Minimal- und Maximalwerten bilden.
Die Streuung ist dabei so groß, daß derartig gefundene Mittelwerte ein
falsches Bild ergeben.

Die Instandhaltungs- und Reparaturkosten sind bei Bohrwagen ebenfalls hoch. In den bereits erwähnten Literaturstellen werden sie mit
10 bis 30% des Neuwertes pro Jahr geschätzt. Der Prozentsatz ist in
starkem Maße von der Anzahl der Lebensjahre abhängig, die man in die
Rechnung der Kapitalkosten eingesetzt hat. Durch häufigen Einbau von
Verschleißteilen kann man die Lebensdauer einer Maschine verlängern.
Es wird dabei aber die Reparaturquote höher. So entspricht einer langen
Lebensdauer mit entsprechend niedrigen Kapitalkosten ein höherer Prozentsatz für Reparaturkosten, während umgekehrt Einsparung von Instandhaltungskosten die Lebensdauer verringert und die Kapitalkosten
erhöht.

Auch die Instandhaltungs- und Reparaturkosten, die sich nach der
Prozentrechnung zunächst in der Dimension DM pro Jahr ergeben, werden durch die hohe Anzahl der Bohrmeter in derselben Zeit auf einen
niedrigen Wert in DM je m zurückgeführt.

Der Materialverbrauch gliedert sich wie beim schlagenden Bohren in
Kosten für verbrauchte HM-Schneiden und in solche für Bohrstangen.

Bei festliegenden Preisen für die Hartmetall-Drehbohrschneiden findet
man den Wert für DM je Bohrmeter, wenn man die Gesamtlebensdauer
der Drehbohrschneiden in m ermittelt. Auch hier ist es wie beim schlagenden Bohren wichtig für den Betriebsmann, genaue Unterlagen zu
sammeln. Es ist die Anwendung derselben Tabellen, wie sie im Abschnitt
schlagendes Bohren vorgeschlagen wurde, auch hier sehr zweckmäßig.
Aus Veröffentlichungen sind noch keine umfassenden Werte für die Lebensdauer von Drehbohrschneiden zu entnehmen. Am angegebenen Orte
erwähnt SCHLÜTER [68] als Durchschnittswert über mehrere Monate in
Sandschiefer und Schiefer eine Haltbarkeit von ungefähr 100 m je Krone.
MIDDENDORF und SCHULZ [65] nennen für die Lebensdauer von Schneiden, die in Sandstein und Schiefer gebohrt haben, 80 m, während bei
reinem Schiefer diese Zahl bis auf 230 Bohrmeter heraufging. Entsprechend dieser großen Lebensdauer werden auch die daraus errechneten
Werte in DM je m für den Schneidenverbrauch gering.

Wesentlich kleiner als beim Schlagbohren sind die Kosten für den Verbrauch an Bohrstangen beim drehenden Bohren. Obgleich die einzelne
Stange in der Anschaffung etwas teurer ist, ist aber ihre Lebensdauer beim
reinen drehenden Bohren infolge Fortfalls von Dauerbrüchen durch
Schlagbeanspruchung sehr groß. Es werden Zahlen von mehreren tausend
Metern genannt, während Schlagbohrstangen und Bohrrohre nur Haltbarkeiten von 100···200 m im Durchschnitt erreichen. Die Stangen-

kosten beim drehenden Bohren in DM je m sind demnach vergleichsweise niedrig.

Die Energiekosten bei der Verwendung von Drehbohrmaschinen erscheinen zunächst hoch, weil die Maschinen eine große Leistung und daher auch einen großen Verbrauch an Druckluft haben. Da jedoch die Vergleichsbasis der Energieverbrauch je Bohrmeter ist, so wird beim Bohren in weichen und mittelharten Gesteinen mit großen Bohrgeschwindigkeiten auch der Kostenanteil für die Energie in DM/m niedrig. SCHLÜTER [68] nennt für drehendes Bohren in Schiefer eine reine Bohrgeschwindigkeit von 1,4 m/min, die bei Sandstein auf 0,85 m/min zurückging. Es ist bemerkenswert, daß auch in dem harten Sandstein derartig große Bohrgeschwindigkeiten auftreten.

Im Zusammenhang damit stehen die Lohnkosten, die ebenfalls niedrig werden, wenn die pro Schicht anfallenden Lohnsummen auf viele Bohrmeter verteilt werden können. Für diesen Fall dürfen nicht die reinen Bohrleistungen zur Ermittlung der Lohnkosten je Bohrmeter zugrundegelegt werden, sondern es müssen die Nebenzeiten für Umsetzen, d. h. Zurückfahren der Bohrstange, Verschieben des Bohrarms und Ansetzen eines neuen Bohrloches sowie die Rüstzeiten für Auf- und Abbau des Bohrwagens bzw. Verschieben zu Beginn und Zurückfahren am Ende der Bohrzeit, hinzugenommen werden. Die letztgenannten Zeiten sind größer als beim Handbetrieb. Doch ist die Ersparnis an Zeit durch schnelleres Bohren so groß, daß sich auch in diesem Punkte ein wirtschaftlicher Vorteil bei der Anwendung von Bohrwagen in weichen Gesteinen ergibt. Immerhin werden auch die Lohnkosten für das drehende Bohren den höchsten Anteil einer Einzelkostenart ausmachen, so daß eine gute Organisation von besonderer Wichtigkeit ist, die dafür sorgt, daß die schwere Maschine richtig ausgenutzt wird und daß keine toten Zeiten für die Bedienung entstehen, die Lohnkosten verursachen, ohne daß Bohrmeter hergestellt werden.

Die Schärfkosten für das Nachschleifen der Drehbohrschneiden werden in gleicher Weise ermittelt wie beim schlagenden Bohren beschrieben. Wie auch im Kapitel Nachschleifen von Drehbohrschneiden gezeigt wird, ist die Verwendung von Spezialschleifmaschinen zweckmäßig, die einen merkbaren Anteil an Kapitalkosten verursachen. Dazu kommen Schleifscheibenverbrauch, Energiekosten und Lohn für den Schleifer. Auch für diesen Kostenteil ergibt sich ein niedriger Wert in DM/Bohrmeter, wenn die Schneide zwischen je zwei Anschliffen eine größere Anzahl von Bohrmetern aushält. Je nach der Gesteinshärte bewegen sich diese Zahlen zwischen 5 und 80 m je Schliff.

f) Grenzen des drehenden Bohrens. Zusammenfassend kann festgestellt werden, daß alle Einzelkosten ausschlaggebend von der Bohrgeschwindig-

keit, der Haltbarkeit je Schliff und der Gesamthaltbarkeit der Bohrschneiden abhängig sind. Alle diese Werte werden aber von der Gesteinsart beeinflußt. Daher kann man die Wirtschaftlichkeitsgrenze des drehenden Bohrens gegenüber dem schlagenden Bohren in der Gesteinsart
finden. MIDDENDORF und SCHULZ [65] geben in ihrem Bericht auch ein
Beispiel, bei dem eine Versuchsbohrung in quarzitischem Sandstein einen
wirtschaftlichen Vorteil des schlagenden Bohrens erbrachte. Über einen
anderen Mißerfolg des drehenden Bohrens in hartem quarzitischem Ne-
bengestein einer Erzgrube berichtet FRITZSCHE [69]. Kennzeichnend für
solche Fälle ist nicht so sehr die niedriger werdende Bohrgeschwindigkeit,
sondern der schnelle Verschleiß der Hartmetall-Drehbohrschneiden bis
zum notwendigen Nachschärfen. Als eine Faustregel kann man annehmen, daß das drehende Bohren noch wirtschaftlich ist, wenn ein Bohrloch
von 3 m Länge mit einer Schärfung bis zur Abstumpfung der Schneide
gebohrt werden kann. Demnach fallen alle Gesteine, die Quarz enthalten,
wie Sandstein, Grauwacke, Granit u. dgl., für das drehende Bohren aus.

Auch SCHULZ [62] hat in seinem Bericht, der sich mit der Grenze des
drehenden Bohrens in Karbongesteinen befaßt, über eine Reihe von Versuchen dieser Art berichtet. In der Auswertung benutzt er das bereits
früher erwähnte Diagramm von SIEWERS [37], um die Grenze zwischen
schlagendem Bohren und drehendem Bohren von schweren Bohrwagen
aus neu festzulegen. Es zeigt sich, wie auch aus der vorher gegebenen
Wirtschaftlichkeitsuntersuchung hervorgeht, daß das Drehbohren in der
Lage ist, dem schlagenden Bohren einen Teil seines Anwendungsgebietes
im Gebiet der weichen und mittelharten Gesteine wegzunehmen. Es muß
aber auch darauf hingewiesen werden, daß durch Entwicklung leistungs-
fähigerer Bohrhämmer das schlagende Bohren wirtschaftliche Vorteile
erreicht hat, so daß die Grenzen zwischen beiden Verfahren fließend sind.
Eine Stimme [70] will sogar dem rein drehenden Bohren in Karbon-
gesteinen wegen der vorkommenden, stark wechselnden Gesteinshärte
und -Zusammensetzung überhaupt keine Aussicht geben und erwartet
eine bessere Eignung von dem Dreh-Schlag-Bohren.

III. Dreh-Schlag-Bohren.

Die Erkenntnis, daß das rein drehende Bohren in härteren Gesteinen
unwirtschaftlich ist, führte in neuester Zeit dazu, daß ein weiteres Bohrverfahren entwickelt wurde, das nach Ausführung und Einsatzart zwischen dem rein schlagenden und dem rein drehenden Bohren liegt. Dieses
Verfahren wird als Dreh-Schlag-Bohren oder auch Vibrobohren bezeichnet.

Das Verfahren soll durch die Abb. 51 erläutert werden, in welcher die
drei vorkommenden Bohrverfahren durch schematische Skizzen dargestellt sind. Die Pfeile stellen Bewegungen dar, die engschraffierten
Flächen losgesprengtes oder gebrochenes Gestein.

Beim Schlagbohren wird mit stumpfem Keilwinkel eine Kerbe in das Gestein geschlagen. Ein Teil der Schlagarbeit bleibt als Rückprallenergie übrig und hebt die Bohrstange mitsamt der Bohrschneide aus der Kerbe heraus, so daß die nachfolgende Umsetzbewegung vor sich gehen kann. Der nächste Schlag trifft die Bohrstange, wobei diese vielfach erst wieder an das Gestein herangeführt werden muß, und schlägt eine neue Kerbe.

Beim drehenden Bohren bleibt infolge starken Andruckes die Schneide dauernd in Berührung mit der Bohrlochsohle. Ein starkes Drehmoment schert das verhältnismäßig weiche Gestein seitlich ab.

Die Bewegung beim Dreh-Schlag-Bohren geht so vor sich, daß wie beim reinen Schlagbohren zunächst eine Kerbe in das Gestein geschlagen wird. Die Stange mit der Bohrkrone kann jedoch nicht zurückprallen, da sie durch kräftigen Andruck festgehalten wird. Trotzdem findet eine gewisse Rückbewegung statt, während gleichzeitig durch einen kräftigen Drehmotor die Schneide seitlich verschoben wird, wobei je nach Gesteinshärte eine größere oder kleinere Abscherwirkung zustandekommt bis die nächste Kerbe geschlagen wird. Die Schneide bleibt also immer in Kontakt mit dem Gestein,

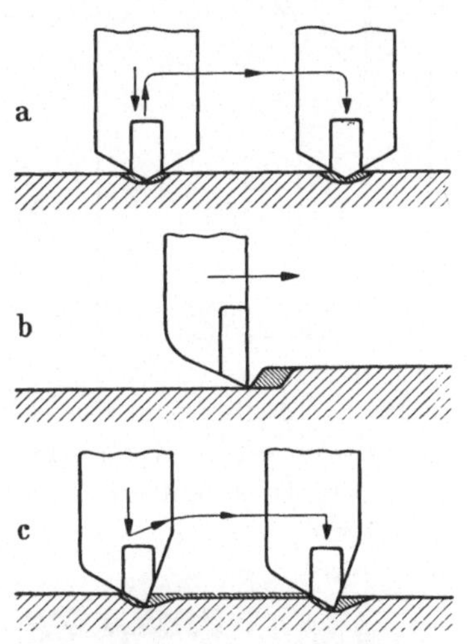

Abb 51 a—c. Schematische Darstellung der drei Gesteinsbohrverfahren.

und es wird keine Schlagarbeit dafür benötigt, die Bohrstange zu beschleunigen und bis zur Bohrlochsohle vorzutreiben. Das dürfte auch ein Grund dafür sein, daß beim Dreh-Schlag-Bohren sehr große Bohrgeschwindigkeiten erreicht werden. Ein zweiter Grund liegt darin, daß man mit kleinem Keilwinkel von nur 90° arbeitet, während beim Schlagbohren 105···115° üblich sind. Schließlich führt auch das gleichzeitige seitliche Abscheren des Gesteins zu einer Vergrößerung der Bohrgeschwindigkeit, obgleich dieser Vorgang gar nicht so sehr erwünscht ist, weil er die Schneide auf Verschleiß beansprucht.

Das Dreh-Schlag-Bohren wurde aus dem drehenden Bohren entwickelt; während man zunächst glaubte, daß es sich primär um ein drehendes Bohren handele, das durch Schlagen unterstützt ist, neigt man jetzt mehr der Ansicht zu, daß es sich um ein Schlagbohren handelt, bei dem kontinuierlich gedreht wird [71].

a) Schneidenformen. Die beim Dreh-Schlag-Bohrer verwendeten Schneiden passen sich der Beanspruchung durch die Maschine an. Die Vibro-

bohrer sind aus den Schlagbohrern entstanden und zeigen deren Grund-
form. In der Abb. 52 ist eine derartige Krone gezeichnet. Sie ist der
Einfachmeißelschneide des schlagenden Bohrens ähnlich. Um aber nicht
so stumpfe Keilwinkel zu bekommen, wie sie beim schlagenden Bohren

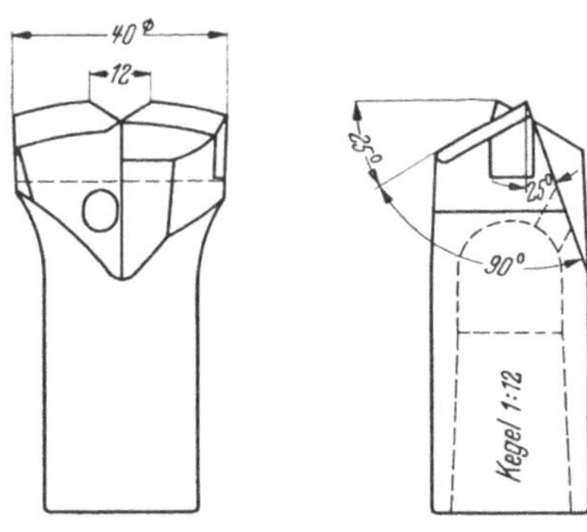

Abb. 52. Schneidenwinkel der
Dreh-Schlagbohrer.

notwendig sind, hat man die vordere
Seite der Hartmetall-Platte und den
darunter liegenden Teil des Stahlschaftes weggeschliffen. Es entstehen
dadurch Keilwinkel von 80···90°.
Der Freiwinkel bleibt wie beim schlagenden Bohren 20···25°, während
ein negativer Spanwinkel von ebenfalls 20···25° entsteht. Damit liegt
der Keilwinkel entsprechend dem
Bohrverfahren zwischen der Größe
der beim schlagenden und drehenden
Bohren verwendeten Keilwinkel. Im
Gegensatz zu Schlagbohrern gehen

bei Drehschlagbohrern die Schneiden nicht durch, sondern sind in der
Mitte durch einen Kerb oder auch durch einen tiefergehenden Schlitz
unterteilt. Diese Unterteilung ist auch deswegen nötig, weil bei den bei-

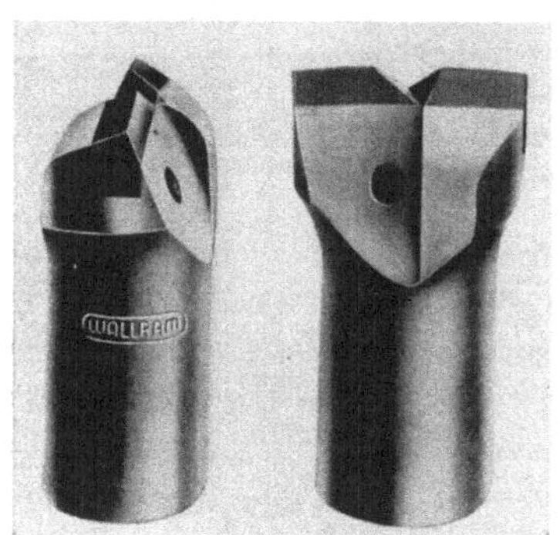

Abb. 53. Dreh-Schlagbohrer für hartes
Gestein (Werkfoto Wallram).

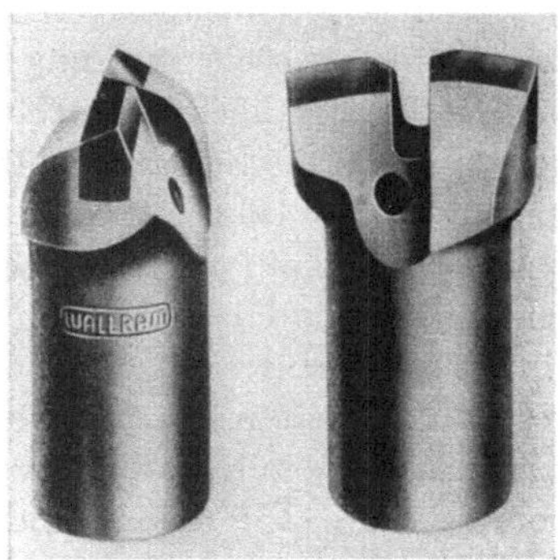

Abb. 54. Dreh-Schlagbohrer für weiches
Gestein (Werkfoto Wallram).

den entstehenden Fingern der Keilwinkel eine andere Lage haben muß,
so daß der negative Spanwinkel in Richtung des Drehens nach vorn zeigt,
während der Freiwinkel gegenüber der Drehrichtung zurückbleibt. Die
Hartmetall-Platten sind in Schlitze eingelötet. Sie sind damit gegen
Schlagbeanspruchung gut geschützt. Bohrer mit Mittelkerb (Abb. 53)
sind für härtere, Bohrer mit breitem und tieferem Schlitz (Abb. 54) sind
für weichere Gesteine gedacht. Die letzteren bringen hier eine größere
Bohrgeschwindigkeit mit sich als die Bohrer mit Mittelkerb. Ähnliche

Ausführungsformen der Widia-Fabrik Essen sind in der Arbeit von Voss [72] gezeigt. Darin sind die Hartmetall-Plättchen nicht senkrecht gegen die Bohrrichtung, sondern dazu geneigt eingesetzt. Doch werden dieselben Kerben und Winkel benutzt. Die Bohrkronen werden haubenförmig mit Innenkonus hergestellt und in derselben Weise wie Schlagbohrer auf runde Bohrstangen aufgesteckt. Demnach werden auch zum Lösen der Bohrer dieselben Abschlagvorrichtungen empfohlen, die sich beim reinen schlagenden Bohren bewährt haben. Da diese Bohrer in quarzhaltigem Gestein eingesetzt werden, dessen Bohrmehl Staublungenerkrankungen herbeiführt, ist Wasserspülung zur Bindung des Bohrstaubes vorgeschrieben. Demzufolge sind auch die Drehschlagbohrer für Wasserspülung eingerichtet, so daß wie bei den Schlagbohrern das Was-

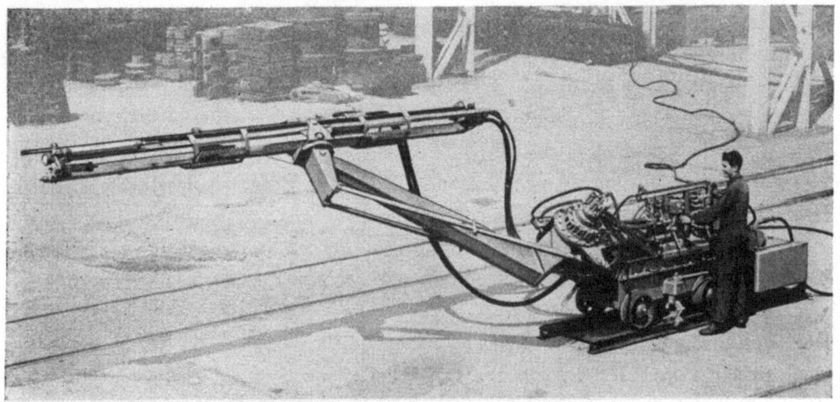

Abb. 55. Vibrobohrwagen (Werkfoto SMG).

ser durch den Spülkanal des Hohlbohrers der Schneide zugeführt und mit zwei seitlich austretenden Spüllöchern der Wasserstrahl schräg nach vorn gegen die Entstehungsstelle des Bohrstaubes geschickt wird.

b) Bohrmaschinen. Es gibt z. Zt. in Deutschland 3 Firmen, die Maschinen für das Dreh-Schlag-Bohren herstellen. Diese Geräte sind:

1. Das Vibro-Gerät der Salzgitter Maschinen A.-G.,
2. das Albo-Gerät der Fa. Hausherr & Söhne, Sprockhövel,
3. das Kombi-Gerät der Fa. Nüsse & Gräfer, Sprockhövel.

Als erste zeigte die Salzgitter Maschinen A. G. ihre neue Konstruktion auf der Bergwerksmaschinen-Ausstellung 1950 [73]. Dieses Gerät wurde im Laufe der Jahre entsprechend den Versuchsergebnissen geändert und verbessert und zeigt heute eine Form, wie sie aus der obenstehenden Abb. 55 hervorgeht. In dieser Abbildung ist das Vibro-Gerät der SMG auf dem Werkshof dargestellt. Eine derartige Aufnahme bietet eine gute Übersicht und läßt erkennen, daß ähnlich wie bei den reinen Drehbohrwagen ein schwenkbarer Bohrarm vorhanden ist, auf dem das eigentliche Vibro-Gerät steht. Als Drehmotor ist ein Schrägzahnmotor von 8 PS Leistung verwendet; die Drehzahl kann durch ein Schaltgetriebe auf 180 oder 300 U/min eingestellt werden. Das Schlaggerät erzeugt 3500 Schläge je Minute, der getrennt aufgebaute Vorschubmotor hat eine Leistung von 3,5 PS. Alle Bewegungen, sowohl der Vorschub als auch der Rückzug der Bohrmaschine sowie das Schwenken des ganzen Bohrarmes und das Fahren des Wagens gehen maschinell vor sich. Da der Andruck beim Vibroverfahren nicht so groß zu sein braucht wie beim drehenden Bohren in Gestein, genügt für die Befestigung eine Schienenzange, die auf dem Bild deutlich sichtbar ist. Um das Kippen des Wagens zu vermeiden, das durch das weit nach vorn gelegte Gewicht des Bohrarms eintreten könnte, ist am anderen Ende ein starkes Gegengewicht angebracht.

Ähnlich in der Form ist das Albo-Gerät der Fa. Hausherr, das auf demselben Bohrwagen untergebracht werden kann wie die Drehbohrmaschine dieser Firma. Der Drehmotor besteht aus drei um die Bohrstange herum angeordneten Lamellenmotoren, deren hohe Drehzahl über ein Planetengetriebe herabgesetzt und auf die Bohrstange übertragen wird. Der Drehmotor hat eine Leistung von 7 PS; er gibt der Bohrstange beim Andruck von 800···1000 kg eine Drehzahl von 160 U/min. Das hinter den Bohrmotoren angebrachte Schlagwerk arbeitet mit zwei gegenläufig wirkenden Kolben, wodurch eine hohe Schlagzahl von 5000 je Minute erreicht wird.

Das Kombigerät der Fa. Nüsse & Gräfer wurde aus der bekannten Drehbohrmaschine dieser Firma entwickelt und enthält wie diese einen Drehmotor von 6 PS Leistung, der als Geradzahnmotor gebaut und mit einem Schaltgetriebe versehen ist, das in drei Stufen eine Drehzahleinstellung von 100, 200 und 300 U/min ermöglicht. Dahinter ist ein Schlaggerät aufgebaut, das eine Schlagzahl von 3000 U/min hat. Getrennt davon ist ein Vorschubmotor untergebracht, der bei einer Leistung von 2 PS das ganze Bohrgerät dadurch vorschiebt, daß sein Ritzel sich auf einer mit der Lafette fest verbundenen Zahnstange abrollt. Maschinen und Schlagbohrer, die beim Dreh-Schlag-Bohren verwendet werden, sind in Veröffentlichungen von Voss [74] und JAHN [71] aufgeführt.

Weitere Konstruktionseinzelheiten der verwendeten Maschinen brauchen vorläufig nicht angegeben zu werden, da die Entwicklung noch in vollem Fluß ist. Es werden noch verschiedene große Schlagarbeiten und verschiedene Schlagzahlen ausprobiert. Als weitere Veränderliche kommt die Drehzahl hinzu, wobei man sich anscheinend noch nicht ganz klar ist, ob man Maschinen bauen soll, die verschiedene Drehzahlen einzustellen gestatten oder ob man mit einer mittleren Drehzahl für verschiedene Gesteine auskommt. In zwei Arbeiten wird ausführlich auf diese Fragen eingegangen, und zwar von Voss [74] und in einer Dissertation von JAHN, die an der Bergakademie Clausthal eingereicht ist.

c) Wirtschaftlichkeit des Dreh-Schlagbohrens. Es gibt auch noch nicht viele Angaben in der Literatur über die Dauerhaltbarkeit der verwendeten Geräte, der Bohrstangen und der Bohrkronen, da nach dem Dreh-Schlag-Bohrverfahren eigentlich erst seit 1952 gearbeitet wird. Als Ergebnis eines Einsatzes ihrer Dreh-Schlag-Bohrmaschinen gibt die Fa. Hausherr Standdauern der Hartmetall-Bohrkronen bis zum Nachschliff von 16 bis 18 m in Granit und von $17 \cdots 20$ m in quarzitischem Sandstein an. Die mittlere Bohrgeschwindigkeit war dabei im Granit $0,9 \cdots 1,1$ m/min und im Sandstein $0,95 \cdots 1,2$ m/min. JAHN [71] gibt aus seinen Erfahrungen ähnliche Zahlen an und erweitert sie auch für mittelharte und weiche Gesteine, wobei die Standzeiten der Hartmetall-Schneiden bis zum ersten Schliff auf $60 \cdots 150$ m und die Bohrgeschwindigkeit auf $1,5 \cdots 2,5$ m/min steigen können.

Interessant ist die Angabe von JAHN, daß die Haltbarkeit der beim Dreh-Schlag-Bohren verwendeten Bohrstangen sehr viel größer ist als diejenige beim reinen Schlagbohren. Es werden Zahlen bis zu 10000 Bohrmetern genannt, wobei allerdings Zwischenkolben oder -stücke, die zwischen dem Schlagkolben und der Bohrstange liegen, früher zerbrechen können.

Bedienungsvorschriften für das Dreh-Schlag-Bohrgerät sind grundsätzlich dieselben wie beim Schlagbohren oder beim Drehbohren. Es wird daher empfohlen, die entsprechenden Abschnitte nachzulesen. Insbesondere ist es wichtig, daß das Schlaggerät nicht schon eingeschaltet ist, bevor die Schneide am Gestein anliegt und unter Andruck steht. Auch dann wird man zunächst mit verminderter Drehzahl und schwachem Andruck bohren, bevor man auf volle Kraft geht und dann das Schlaggerät zuschaltet.

Es kann auch vorkommen, daß bei richtigem Andruck die Standlänge der Bohrschneide bis zum Nachschleifen unbefriedigend ist. Das kann daran liegen, daß die Schlagarbeit des Schlaggerätes zu gering ist. Dem kann man dadurch begegnen, daß man entweder einen kleineren Schneidendurchmesser verwendet, wodurch die Schlagenergie je cm Schneidenlänge steigt oder daß man die Schlagarbeit durch Verwendung höheren Luftdruckes steigert. Zu dem Zweck wird die Anwendung eines kleinen Zwischenverdichters empfohlen, der aber nur die Luft für das Schlaggerät auf einen höheren Druck bringen soll, weil sonst die Druckluftenergie zu teuer wird.

Im Zusammenhang damit kann noch etwas über die Wirtschaftlichkeit des Dreh-Schlag-Bohrverfahrens gesagt werden. Die Folge der sehr hohen Standzeiten der Kronen und Stangen sind geringe Materialkosten. Gleichzeitig haben auch die hohen Bohrgeschwindigkeiten niedrige Lohnkosten zur Folge [75]. Andererseits erfordern die großen und schweren Bohrwagen hohe Kapitalkosten und einen ebenfalls hohen Anteil an

Instandhaltungs- und Reparaturkosten. Nach den bisherigen Beobachtungen aus der Praxis scheint das neue Verfahren in weichen und mittelharten Gesteinen wirtschaftlicher als das rein drehende und das rein schlagende Bohren zu sein. Für feste Gesteine ergibt sich Kostengleichheit mit dem schlagenden Bohren, doch ist in forcierten Betrieben mit größeren Abmessungen ein Vorteil des Dreh-Schlag-Bohrverfahrens dadurch anzunehmen, daß man größere Auffahrtleistungen pro Monat erreicht.

Das Dreh-Schlag-Bohrverfahren wird wahrscheinlich seinen Platz zwischen dem reinen Schlagbohren und dem reinen Drehbohren einnehmen. Es kommt hinzu, daß die Maschinen so gebaut sind, daß man auch rein drehend oder rein schlagend damit arbeiten kann. Es scheint sich ihnen damit ein Arbeitsfeld für solche Stellen zu eröffnen, bei denen häufig wechselnde Gesteinsschichten vorkommen, so daß man sich mit den Maschinen den vorkommenden Verhältnissen anpassen kann. In bezug auf die Weiterentwicklung ist eine Beobachtung auf der Bergwerksmaschinen-Ausstellung von 1954 bemerkenswert, wo mehrere Firmen Leichtgeräte auf Kleinbohrwagen zeigten. Solche leichten Dreh-Schlag-Bohrgeräte kann man mit Hammerbohrmaschinen vergleichen, die kontinuierlich drehen. Die Entwicklung scheint also dahin zu gehen, daß die Bohrhämmer schwerer und die Dreh-Schlag-Bohrmaschinen leichter werden [15].

Da noch nicht allzuviele Erfahrungen aus der Praxis vorliegen, dürfte es zweckmäßig sein, eigene Versuche durchzuführen und die Ergebnisse in Fachzeitschriften bekanntzugeben, so wie man auch Betriebserfahrungen anderer nutzen muß.

IV. Großlochbohren.

Das Großlochbohren im Bergbau ist als Sonderfall zu betrachten, der nur verhältnismäßig selten vorkommt, dann aber wegen der besonderen Umstände große Schwierigkeiten macht. Großlochbohrungen untertage kommen vor, um Aufschlüsse und Untersuchungen in beliebiger Richtung durchzuführen, ohne Strecken vortreiben zu müssen. Weiterhin werden Großlochbohrungen benutzt, um Wasser- und Gasansammlungen zu lösen. Auch werden Großbohrungen vorgetrieben, um Wetterverbindungen in Gestein oder in Kohle herzustellen. Sie werden in Kohle benutzt, um Streben in steiler Lagerung anstelle der Aufhauen oder Abhauen anzusetzen. Schließlich werden Großbohrlöcher zur planmäßigen Gasabsaugung hergestellt und als Einbruchbohrlöcher zur Erleichterung des Gesteinsstreckenvortriebs verwendet.

Für alle derartigen Bohrlöcher hat sich das drehende Verfahren durchgesetzt, nachdem noch bis vor einigen Jahren schlagend gebohrt werden mußte. Dabei wurde das ganze Schlagbohrgerät mit in das Großbohrloch eingeführt, um zu große Verluste in langen Gestängen zu vermeiden. Beim drehenden Bohren kann man die Maschine außerhalb des Bohrloches stehen lassen und sie dementsprechend größer bauen, so daß die Möglichkeit besteht, große Motoren zur Entwicklung großer Drehmomente unterzubringen und auch starke Andruckvorrichtungen zu verwenden.

a) Schneidenformen. Rein drehend hat man für Untersuchungsbohrungen schon seit langer Zeit nach dem Craelius-Verfahren gearbeitet. Es handelt sich dabei um ein Kernbohrverfahren, wie es auch vielfach in der Erdölgewinnung üblich ist. Dabei werden die Bohrschneiden auf einem Rohrstück angebracht, so daß bei hoher Drehzahl ein Kreisring

Abb. 56. Kerndrehbohrer mit Schneidplatten (Werkfoto Wallram).

Abb. 57. Kerndrehbohrer mit Bohrspitzen (Werkfoto Wallram).

zerspant wird, während im Innern des Bohrloches ein Kern stehen bleibt, der gezogen werden kann. Daraus lassen sich Aufschlüsse über die Zusammensetzung wechselnder Gesteinsschichten gewinnen.

Auch Kernbohrschneiden sind mit Hartmetall besetzt. Die Abb. 56 zeigt eine solche Bohrkrone, deren einzelne Schneiden in ihrer Form Drehstählen aus der Metallbearbeitung ähnlich sind. Für große Bohrlochdurchmesser verwendet man Kernbohrkronen, wie sie in der Abb. 57 dargestellt sind, in die Hartmetall-Bohrstifte eingelassen sind und mit ihrer Kante das Gestein abscheren. Solche Kronen sind mit einem raumsparenden Flachgewinde auf Bohrrohren befestigt. Es kommt darauf an, möglichst wenig Zerspanungsarbeit zu leisten, um auf große Bohrgeschwindigkeiten zu kommen. Der Vorteil der großen Bohrgeschwindigkeit bei diesem Verfahren wird aber durch den Zeitverlust beim Ziehen des Kerns wieder ausgeglichen.

Für diese Zwecke von Untersuchungsbohrungen, die drehend nach dem Kernbohrverfahren ausgeführt werden, verwendet man nicht nur

Sinter-Hartmetalle, sondern auch gegossene Hartmetalle oder Aufschweißlegierungen. (Vgl. Abschnitt Hartlegierungen.) Die letzteren
haben eine Anwendung in einer Drehbohrkrone gefunden, die in der
Abb. 58 gezeigt ist. Sie hat wie auch die anderen Kernbohrkronen den
Vorteil einer größeren Verschleißmöglichkeit des Hartmetalls und damit
einer langen Lebensdauer. Gerade bei den Aufschweißlegierungen kann
aber der Benutzer die Krone selbst wieder beschweißen und damit wieder
von neuem benutzen.

In vielen Fällen ist es unwichtig, die Zusammensetzung der durchfahrenen Gesteinsschichten genau zu kennen und deswegen einen Kern
zu gewinnen. Man verwendet dann Bohrerformen, die das gesamte Gestein zerspanen. Einen gewissen Anhalt für die durchfahrene Gesteinsart
gibt dabei das anfallende Bohrmehl. Je nach dem Verwendungszweck
der Bohrlöcher kommt man mit Durchmessern von 60···100 mm aus,
z. B. für Wasserlösungs- oder Gasabsaugungslöcher. Derartige Löcher
sollen aber größere Tiefen von 50···90 m erhalten. Infolgedessen
müssen die Maschinen groß und schwer werden, weil einmal lange
Gestängegewichte zu tragen sind, zum anderen in härteren Gesteinen
der spezifische Bohrdruck groß sein muß, um wirtschaftlich drehend
bohren zu können. Der große Lochdurchmesser verlangt aber auch große
Schneidenlängen, wobei ein sehr starker Andruck notwendig wird.

Abb. 58. Kerndrehbohrer mit Aufschweißlegierung (Werkfoto
Widia-Fabrik).

Abb. 59. Drehbohrer
mit exzentrischen
Erweiterungsschneiden
(Werkfoto Wallram).

Drehbohrkronen für Großbohrlöcher werden nicht mit durchgehenden
Schneiden versehen, sondern die Schneiden werden aufgegliedert. Es hat
sich eine große Zahl solcher Schneidenformen entwickelt, von denen hier
einige gezeigt werden sollen. In allen Fällen wird wie beim Sprenglochbohren ein Bohrloch von 40 mm vorgebohrt. Die Erweiterungsschneiden
folgen dann unmittelbar hinter diesem Bohrer und sind mit ihm zu einer
Einheit verbunden. Die Schneiden lassen sich zum Zwecke des Nachschleifens, aber auch zu Reparaturzwecken, auseinandernehmen und einzeln behandeln. Eine Drehbohrschneide, die exzentrisch bohrt, ist in der
Abb. 59 dargestellt. Auf den Vorbohrer folgen zwei weiterzurückliegende
Schneiden größeren Durchmessers, die aber verschiedene Abstände von
der Mittelachse haben. Derartige Schneiden haben den Vorteil, größere
Bohrlöcher herzustellen als sie selbst Durchmessermaß haben. Damit
kann nach dem Stumpfwerden der Schneiden, das auch außen mit einem

Verschleiß verbunden ist, eine neue gleichgroße Krone nachgesetzt werden, was bei tiefen Bohrlöchern wichtig ist. Eine Ergänzung dieses Bohrers zeigt die Abb. 60, die im vorderen Teil dieselbe Form hat, aber, wie man unten erkennt, noch mit mehrfachen, jeweils um 90° versetzten Aufweitungsschneiden besetzt ist. Auch hier ist das Prinzip beibehalten, daß die Erweiterungsbohrer exzentrisch angesetzt sind. Derartige Bohrer können für Abmessungen von 65···120 mm Dmr. geliefert werden.

Für härtere Gesteinsarten werden Bohrkronen geliefert, wie sie in der Abb. 61 zu erkennen sind. Der Vorbohrer hat die bereits im Abschnitt Sprenglochbohren geschilderte Form, während die folgenden Schneiden größeren Durchmessers mehrflügelig, aber konzentrisch ausgebildet sind. Jeder einzelne Flügel ist stark mit Stahlmaterial hinterlegt und gestattet

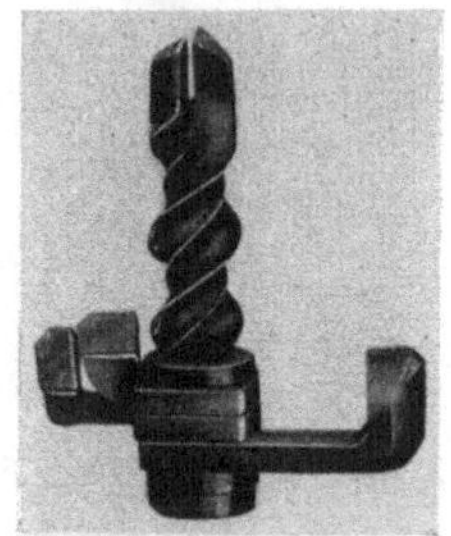

Abb. 60. Großlochbohrer mit auswechselbaren Schneiden (Werkfoto Wallram).

Abb. 61. Großlochbohrer (Werkfoto Widia-Fabrik).

Abb. 62. Großlochbohrer für weiches Gestein (Werkfoto Wallram).

die Übertragung großer Drehmomente. Mehrere Schneiden auf dem Umfang verteilt ergeben Vorteile bei klüftigem Gestein.

Für weichere Gesteine, die kein Quarz enthalten, oder für weiches Erz können Bohrer verwendet werden, wie sie in der Abb. 62 zu erkennen sind. Den Vorbohrer, der auf einem Schwertprofil angebracht ist, folgen Erweiterungsbohrer, die in verschiedenen Durchmessern wachsend je einen Flügel haben und eine gute Entfernung des reichlich anfallenden Bohrkleins zulassen. Solche Schneiden kann man sich nach Bedarf selbst zusammensetzen. Nach ihrer äußeren Form werden sie vielfach als Tannenbaumschneiden bezeichnet.

Für sehr große Bohrlöcher in harten und härtesten Gesteinen bis zu 500 mm Dmr. müssen die Schneiden weitgehend aufgegliedert werden. Ein Vertreter derartiger Schneidenformen ist mit der Stufenspiralbohrkrone der Fa. Wallram in der Abb. 63 dargestellt. Auch hier geht ein Vorbohrer voraus, während auf einer Spirale eine große Anzahl von nachfolgenden Schneiden untergebracht ist. Die Spiralform ergibt die-

selbe günstige Exzenterwirkung und damit ein leichteres Nachsetzen,
wenn die Krone gezogen und nachgeschliffen wurde. Da die Krone ein
sehr großes Gewicht hat, läßt sie sich zum Zwecke besserer Handhabung
in 2 Teile zerlegen. In der Abb. 64 ist eine Stufenspiralbohrkrone älterer
Bauart in der Draufsicht dargestellt. Man erkennt die weitgehende Aufgliederung in 44 Einzelschneiden, die dem vorausgehenden Drehbohrer
und der Exzentererweiterung folgen.

Weite und tiefe Bohrlöcher werden neuerdings auch im Bergbau mit
Hilfe von Rollenbohrern hergestellt, wie sie bei Erdöltiefbohrungen schon
lange üblich sind. Derartige Rollenbohrer sind jedoch nicht mit Sinterhartmetall verschleißfest gemacht, sondern
mit aufgeschweißten Hartmetall-Legierungen. Es soll daher auch in dem späteren
Abschnitt „Hartlegierungen" ausführlicher
darauf eingegangen werden.

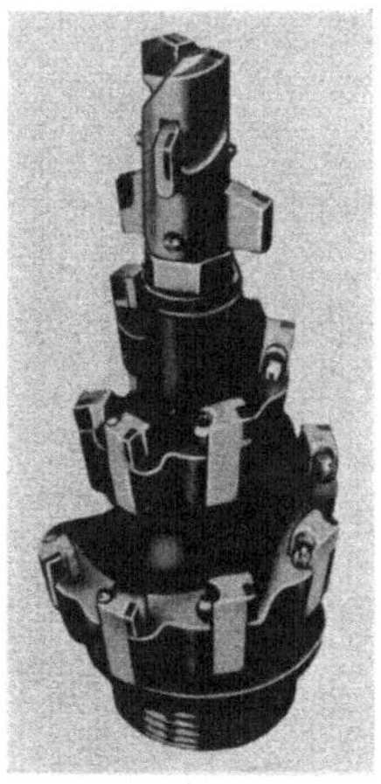

Abb. 63. Stufenspiralbohrkrone für größte Durchmesser (Werkfoto Wallram).

Abb. 64. Stufenspiralbohrkrone
(Werkfoto Wallram).

b) Bohrmaschinen. Bei den großen Bohrlochdurchmessern ist nicht
nur ein starker Andruck der Schneiden notwendig, sondern es sind auch
erhebliche Drehmomente aufzubringen, um die große Gesteinsoberfläche
gleichzeitig zu zerspanen. Diesen Anforderungen sind die bisher zum
Sprenglochbohren verwendeten Maschinen nicht mehr gewachsen. Es
war daher nötig, neue Maschinen mit stärkeren Motoren zu entwickeln.
Das geschah erstmalig in den Jahren von 1940···1944, als in großem Umfange Versuche durchgeführt wurden, Kohlenflöze durch große und weite
Bohrlöcher im Gestein zu entgasen, bevor die Gewinnung bis dahin fortschritt. Hierüber berichten WEDDIGE und BOSTEN [76]. Die Entwicklung solcher Bohrmaschinen wurde nach dem Kriege weitergetrieben und
von verschiedenen Zechen und Maschinenfabriken parallel durchgeführt.
Eine ausführliche Beschreibung der Versuche mit verschiedenen für Großlochbohrungen geeigneten Maschinen ist in einem Aufsatz von SCHULZ
und TRÖSKEN [77] enthalten. Wenn auch die darin beschriebenen Ma-

schinen inzwischen überholt sind, so enthält doch der genannte Bericht
eine derartige Fülle von Erfahrungen, daß das Studium jedem angeraten
werden kann, der mit Großlochbohrungen zu tun hat. Eine weitere Veröffentlichung von Trösken [78] setzt diesen Bericht fort und schildert
neue Erfahrungen mit Großlochbohrmaschinen und Großlochbohrungen,
besonders in bergmännischer Hinsicht. Aufgrund dieser Erkenntnisse
mit den bisherigen Maschinen hat Barth [79] eine Arbeit veröffentlicht,
die sich mit der erforderlichen Maschinenleistung und der Beanspruchung
des Gerätes beim drehenden Bohren großer Bohrlöcher befaßt.

Diese Erfahrungen und Untersuchungen haben dazu geführt, daß in
den letzten Jahren von der einschlägigen Industrie eine Reihe von Maschinen bis zur Betriebsreife gebracht worden sind, die sich alle durch

Abb. 65. Großlochbohrmaschine (Werkfoto Wallram).

erhebliche Leistungen der Antriebsmaschine auszeichnen. Allen ist gemeinsam, daß sie, entsprechend dem vorgesehenen Einsatz im Steinkohlenbergbau, mit Druckluftantrieben versehen sind. Der Größe nach
geordnet ist zunächst die Maschine der Salzgitter Maschinen A.-G. zu
nennen, deren Antriebsmotor eine Leistung von 30 PS hat. Ferner hat
die Fa. Wallram eine Maschine mit 22 PS Leistung entwickelt. Weiterhin
ist hier eine Drehbohrmaschine der Fa. Korfmann in Witten mit einem
20 PS-Motor aufzuführen. Während die bisher genannten Maschinen für
tiefe Bohrlöcher bis zu den größten Abmessungen von 400 mm Dmr. in
Gestein oder 600 mm in Kohle brauchbar sind, stellen zwei weitere Firmen Maschinen her, die hauptsächlich für Entgasungs- oder Untersuchungsbohrungen geringen Durchmessers gedacht sind. Es handelt
sich dabei um eine 12 PS-Maschine der Fa. Nüsse & Gräfer sowie eine
9 PS-Maschine der Fa. Hausherr & Söhne.

Als Beispiel einer solchen Maschine soll diejenige der Fa. Wallram gezeigt werden. In der Abb. 65 erkennt man die große und schwere Maschine, bei der auf einem Grundrahmen Motor, Getriebekasten und Vor-

schubeinrichtung mit Bohrkopf montiert sind. Der 22 PS-Druckluft-Motor ist umsteuerbar. Die Leistungsübertragung auf das Drehzahl- und Vorschubgetriebe geschieht durch eine elastische Kupplung und eine unter Last schaltbare Lamellenkupplung. Bei den großen Lochdurchmessern müssen die Drehzahlen der Spindel niedrig sein. Sie lassen sich auf 20 oder 40 oder 60 U/min einstellen. Der Vorschub der Bohrspindel ist zwangsläufig und ebenfalls in Stufen einstellbar. Die Vorschübe betragen 2,5 oder 4 oder 6 mm/Umdr. Es ist wichtig, daß die Vorschübe unabhängig von den Drehzahlen regelbar sind. Zum schnellen Ein- und Ausfahren des u. U. langen Bohrgestänges ist ein Schnellgang vorhanden. Bei den großen Bohrlochlängen muß das Bohrgestänge stabil und verdrehungssicher sein. Es werden zu dem Zweck Stahlrohre mit einem Dmr. von etwa 160 mm und 1,3 m Länge verwendet, in die Spülrohre mit Rückschlagventil eingesetzt sind. Das Gewicht der einzelnen Rohrstücke des Bohrgestänges ist mit 35 kg so eingerichtet, daß die Rohre noch gehandhabt werden können.

Abb. 66. Großlochbohrmaschine im Gestein (Werkfoto Wallram).

In der Abb. 66 ist diese Maschine im Einsatz untertage dargestellt. Der mit abgebildete Fahrstock läßt einen Vergleich der Größenordnung zu. Zwei weite Bohrlöcher sind sichtbar, die in diesem Fall etwa 400 mm Dmr. haben.

In den vorher erwähnten Berichten sind Anwendungsbeispiele für derartige Bohrlöcher genannt und Bedienungsanweisungen aufgeführt. Wirtschaftlichkeitsberechnungen sind nicht durchgeführt, weil Vergleichsmöglichkeiten fehlen. Es ist aber einzusehen, daß das Vortreiben von Bohrlöchern, selbst wenn nur 5···10 m je Schicht erreicht werden, wesentlich billiger ist als die Herstellung ganzer Strecken oder Stollen, was viel langsamer vonstatten geht und erheblich mehr Arbeiter und damit Lohnkosten erfordert.

Ein weiteres interessantes Anwendungsgebiet von Großlochbohrungen ist im Gesteinsstreckenvortrieb dadurch gegeben, daß man nach Vortreiben eines Großbohrloches auf den Einbruch verzichten kann. Das Großbohrloch wird nicht geladen und abgeschossen, sondern soll nur freien Raum schaffen, um mit Hilfe der Kranzlöcher, die jetzt nur noch parallel gebohrt werden, das Gestein beim Schießen nach der Mitte drücken zu können. STEINER [80] hat über Versuche mit einem derartigen Bohrverfahren berichtet. Aus seinen Ausführungen ist festzuhalten, daß eine Einsparung von 25% an Sprenglöchern und eine Vergrößerung der Abschlaglänge von 2,2 auf 3 m möglich war. Damit ergeben sich Ersparnisse an Löhnen, Maschinenmiete und Kosten für die Sonderbewetterung, die auf 1 m Streckenlänge bezogen im Durchschnitt 62 DM ausmachen.

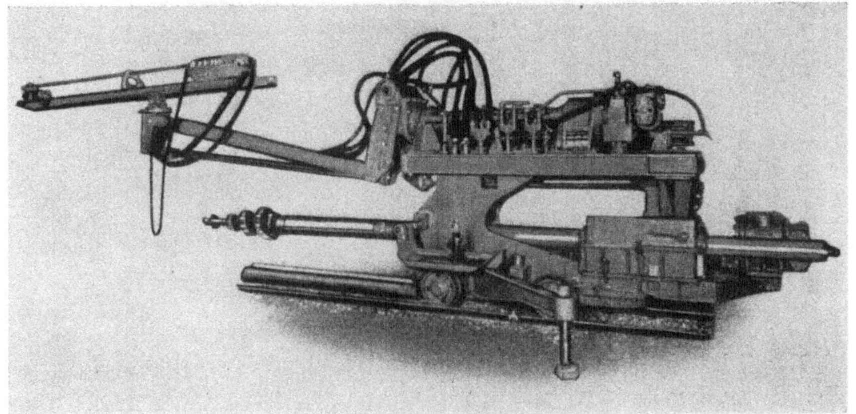

Abb. 67. Doppelsystem-Bohrwagen (Werkfoto SMG).

Dabei wurden Bohrlöcher von 220 mm Dmr. hergestellt. Man kann entweder so arbeiten, daß gleichzeitig das Großbohrloch und die Sprenglöcher in gleicher Tiefe hergestellt werden, oder es kann das Großbohrloch in Länge der Auffahrung etwa einer Woche, also 20···30 m Tiefe vorgebohrt werden. Bei den Untersuchungen ergaben sich Einzelstandlängen der Stufenspiralkrone bis 60 m in Schiefer, die bei Sandschiefer auf 25 und Sandstein auf 12 m zurückgingen. In sehr festem Sandstein mit über 100° Shorehärte war allerdings die Krone schon bei 4,5 m stumpf, und die Schneiden mußten nachgeschliffen werden. Der Zeitaufwand für das Bohren ohne Nebenzeiten betrug dabei im weichen Gestein etwa 20 min/m Bohrloch und ging in dem festen Sandstein auf 50 min je Bohrmeter herauf.

Das gute Ergebnis dieses Bohrverfahrens führte zur Konstruktion eines Doppelsystem-Bohrwagens von Wallram-Salzgitter, in den die Großlochbohrmaschine eingebaut ist. Der Bohrwagen gestattet im übrigen, durch schwenkbare Ausleger das Herstellen von Sprenglöchern mit Hilfe eines Drehschlagbohraggregates. Die Maschine ist in der Abb. 67 dargestellt. Mit ihr kann man gleichzeitig das Großbohrloch und die Sprengbohrlöcher niederbringen [15]. Auch die Fa. Mönnighoff hat eine Maschine gebaut, die ein Großbohrloch als Einbruchbohrloch herzustellen gestattet. Dabei wird aber nicht das gesamte Gestein zerspant, sondern es wird ein Ring durch schlagendes Bohren aus dem Gestein herausgearbeitet, so daß der Kern abbricht und gezogen werden kann. Eine solche Maschine wurde auf der Bergwerksmaschinen-Ausstellung 1954 gezeigt und ist nebenstehend (Abb. 68) abgebildet.

Abb. 68. Großloch-Kern-Bohrmaschine (Werkfoto Mönninghoff).

V. Schrämen.

Das Schrämen ist eine vorbereitende Arbeit zur Hereingewinnung der Kohle. Zu dem Zweck wird der Kohlenstoß, der zwischen Hangendem und Liegendem auf einer Fläche freigelegt ist, geschlitzt. Dieses Schlitzen wird bergmännisch als schrämen bezeichnet. Die Arbeit ist einem ins Große übersetzten Fräsen vergleichbar. Dementsprechend sind auch die Schrämwerkzeuge den Fräswerkzeugen ähnlich. Die Entwicklung lief so, daß zunächst Radschrämmaschinen gebaut wurden, wobei das Rad mit dem Scheibenfräser beim Nutenfräsen verglichen werden kann. Die nächste Entwicklungsstufe war die Stangenschrämmaschine. Dabei entspricht die Schrämstange nach ihrer Arbeitsweise einem Fingerfräser. Die beiden genannten Arbeitsweisen zeigten Nachteile, so daß sie durch das Arbeiten mit Kettenschrämmaschinen ersetzt wurden. Die Ketten tragen Hartmetall-besetzte Meißel und laufen mit großer Geschwindigkeit um, während gleichzeitig der Ausleger, der die Kette führt, mitsamt der Maschine in der Längsrichtung weiterbewegt wird.

Schrämmaschinen werden hauptsächlich im Strebbau verwendet, wo Schrämschlitze von 1,2···2,2 m Tiefe, 125···175 mm Dicke und 200···300 m Länge hergestellt werden. Nachdem so die Kohle entspannt ist, bricht sie in manchen Fällen durch ihr Eigengewicht herein oder wird durch Abbauhämmer gewonnen oder muß, wenn sie hart ist, durch Bohren und Schießen gelöst werden. Außer diesen vorwiegend söhlig oder schwachgeneigten Schramen gibt es senkrecht gerichtete, sogenannte Einbruchschlitze, die von ähnlich gebauten Schrämmaschinen hergestellt werden, um die spätere Gewinnung der Kohle mit Abbauhämmern zu erleichtern. Solche Einbruchschrämmaschinen oder Kerbmaschinen können auch in Abbaustrecken verwendet werden, die z.T. in der Kohle, z.T. in Gestein vorgetrieben werden, um auch an diesen Stellen das Lösen der Kohle zu erleichtern. Schließlich hat man auch versucht, nicht nur Schlitze herzustellen, sondern durch Anbringen vieler Schrämketten nebeneinander die gesamte Kohle, die im Flöz ansteht, zu zerkleinern und automatisch wegzufördern, ein Verfahren, das als Vollmechanisierung bezeichnet werden kann und vor allem in den Vereinigten Staaten von Amerika und in Rußland Erfolge gezeitigt hat [81].

Abb. 69. Elektrohydraulische Schrämmaschine (Werkfoto Eickhoff).

Im Ruhrkohlenbergbau hat das Schrämen keine geringe Bedeutung. Während im Jahre 1953 etwa 70% aller geförderten Kohle mit dem Abbauhammer gewonnen wurde, folgt der Anteil der Gewinnung der Kohle durch Schrämmaschinen mit 13%, während durch Schießen mit nachfolgender Abbauhammerarbeit etwa 10% gewonnen wurden. Die restlichen 7% verteilen sich auf die Gewinnung mit Kohlenhobel. Dabei ist festzustellen, daß der Anteil des Schrämens und Hobelns im Laufe der letzten Jahre angewachsen ist, während der des Abbauhammers sinkt. 1933 beispielsweise wurden nur 6,5% der Gewinnung aus dem Ruhrkohlenbergbau durch Schrämen vorbereitet.

a) Schrämmaschinen. Der Anteil der Kerbmaschinen ist gering, sodaß hier auf eine Beschreibung verzichtet wird, zumal dieselben Formen von Hartmetall-Schrämmeißeln verwendet werden, wie bei den großen Schrämmaschinen. Eine derartige Maschine modernster Bauart ist in der Abb. 69 dargestellt. Man erkennt ein geschlossenes, langgestrecktes Gehäuse, in dem Motor und Getriebe untergebracht sind. Am hinteren Ende ist der eingeschwenkte Schrämarm mit der umlaufenden Kette zu sehen, die die Schrämmeißel trägt. Das vordere Ende der Maschine ist mit einer

Seilwinde und Trommel sowie Umlenkrollen versehen. Die Maschine muß mehrere Bewegungen machen können:

1. die umlaufende Kettenbewegung mit großer Geschwindigkeit von 2,5 bis 4,5 m/sec.

2. Die Maschine, die auf dem Liegenden gleitet, muß an dem Kohlenstoß entlang bewegt werden, was mit Hilfe der Trommelwinde durch die Maschine selbst vorgenommen wird.

3. Der Schrämarm muß bei laufender Kette maschinell ein- und ausgeschwenkt werden können.

Für den Vorschub der Maschine müssen entsprechend wechselnder Kohlenhärte auch verschiedene Geschwindigkeiten einstellbar sein, die

Abb. 70. Einketten-Schrämmaschine im Einsatz (Werkfoto Eickhoff).

bei den bisher üblichen getriebeumschaltbaren Maschinen zwischen 12,5 und 100 m/h liegen. Eine seit einigen Jahren von der Fa. Eickhoff, Bochum, herausgebrachte Maschine mit elektro-hydraulischem Antrieb läßt eine Schrämfahrtgeschwindigkeit bis 150 m/h zu, die stufenlos regelbar ist. Nachdem der Schram über die ganze Streblänge hergestellt ist, muß die Maschine zurückgeholt werden, wobei Eilfahrtgeschwindigkeiten von 200 m/h eingeschaltet werden können.

Die folgende Abb. 70 zeigt die vorbeschriebene Maschine im Einsatz in stempelfreier Abbaufront. Der Blick folgt der in die Tiefe des Bildes fortschreitenden Maschine, so daß der leerlaufende Teil der Schrämkette von hinten sichtbar wird. Man erkennt, unter welch schwierigen Bedingungen die Hartmetall-Meißel arbeiten müssen. Im Schram entsteht eine große Menge Kohlenklein, das von der Kette herausbefördert werden muß. Obgleich im allgemeinen der Anfall von Feinkohle unerwünscht ist, muß doch festgestellt werden, daß der nachfallende Kohlenpacken Grobstückkohle bringt, die sehr erwünscht ist, so daß insgesamt weniger Feinkohle anfällt, als wenn alle Kohle nur durch Abbauhammer- oder ganz besonders durch Schießen und Abbauhammerarbeit gewonnen wird.

In Kohlenflözen von größerer Mächtigkeit genügt es nicht, in der Nähe des Liegenden nur einen einzigen Schram zu schlitzen, sondern man baut die Schrämmaschine in dem Fall so um, daß sie 2 oder sogar 3 Schrämarme besitzt und eine entsprechende Anzahl von Schlitzen her-

Abb. 71. Schrämmaschine mit Doppelausleger und Schrämpilz
(Werkfoto Eickhoff).

stellt. Eine Maschine mit 2 Auslegern übereinander, die einen Doppelschram herstellt, ist in der Abb. 71 dargestellt. Auf dem unteren Ausleger ist außerdem ein Schrämpilz aufgebaut, der sich ebenfalls dreht und tief im Innern die Kohle zerschneidet. Damit wird die Kohle weitgehend zerspant, aber die Gewinnung soweit automatisiert, daß die Lohnkosten erheblich absinken. Die Weiterentwicklung dieses Gedankens führte zur Rahmenschrämmaschine, die die Schrämkette in einem Rahmen derartig führt, daß die Kohle nicht nur oben und unten geschlitzt, sondern auch hinten abgetrennt wird. Man kann auch mehrere verschieden geformte Rahmen in derselben Maschine hintereinander folgen lassen, wodurch die Kohle dann ohne spätere Schieß- oder Abbauhammerarbeit gewinnbar wird. Derartige Maschinen sind außerdem mit automatischen Ladevorrichtungen verbunden, die die Kohle unmittelbar auf den Strebförderer [82] schieben. Auch hier kann von einer vollautomatischen Ge-

winnung gesprochen werden, die erst möglich wurde dadurch, daß die
Schrämmeißel mit Hartmetall besetzt wurden. Zwar steigt der Anfall
von Kleinkohle, doch ist das unerheblich für den Fall, daß die Kohle
hinterher sowieso im Koksofen weiterverarbeitet wird.

Zu der Abb. 69 ist noch zu bemerken, daß zum Zwecke des besseren
Sehens der Zustand am Anfang der Schrämarbeit dargestellt ist, während bei der weiteren Arbeit Schrämarme und Schrämpilz in der Kohle
verschwinden. Die Ketten müssen einen derartigen Umlaufsinn haben,
daß sie die Maschine an den Kohlenstoß heranziehen. In dem hier be-
sprochenen Bild, also auf der dem Beschauer zugewandten Seite, läuft sie
von rechts nach links, während die Arbeitsbewegung in der Kohle umgekehrt verläuft. Das Glei-
ten der schweren Maschinen,
die bis zu 3,5 t wiegen, wird
dadurch erleichtert, daß man
sie auf den Strebfördermit-
teln, d. h. vor allem auf den
Doppelstegkettenförderern
laufen läßt, wie es auch in
der Abbildung zu erkennen
ist. Überhaupt hat die moderne Gewinnungsmethode
der Kohle im Lang-Strebbau
mit stempelfreier Abbaufront
und unmittelbar an der
Kohle laufendem Förder-
mittel die Anwendungsmög-
lichkeit von Schrämmaschi-

Abb. 72. Schrämkette mit Hartmetall-Meißeln
(Werkfoto Eickhoff).

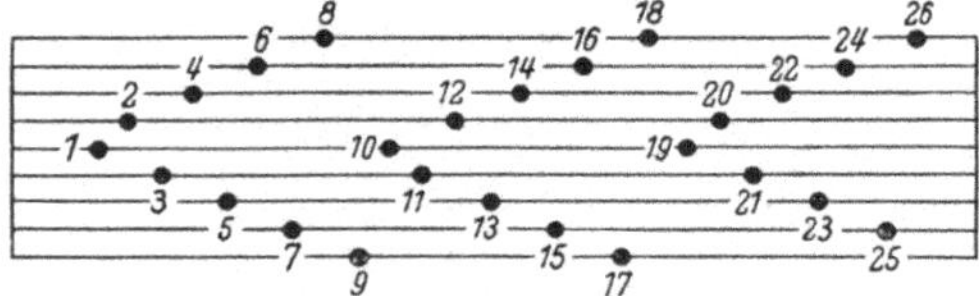

Abb. 73. Schema der Meißelverteilung in der Kette
(Werkfoto Eickhoff).

nen vereinfacht und sicherlich dazu beigetragen, daß der Anteil dieser
Maschinen im Wachsen begriffen ist.

b) Schrämwerkzeuge. Die Schrämkette besteht aus einer größeren
Anzahl gelenkig miteinander verbundener Glieder, wobei Meißelhalter
und Laschen aufeinander folgen (Abb. 72). In die Meißelhalter sind die
eigentlichen Schrämmeißel in entsprechende Ausnehmungen eingesteckt
und durch Klemmschrauben festgehalten. Die Richtung der Meißel
wechselt bei jedem Meißelhalter, denn der einzelne Meißel zerspant nur
eine geringe Kohleschicht. Um den benötigten Schlitz herzustellen, der
breiter sein muß als die Kette, haben die Meißel verschiedene Richtung.
Sie sollen so aufeinander folgen, wie es das in der folgenden Abb. 73 dar-
gestellte Schema zeigt. Damit wird erreicht, daß jeder Meißel durch
seinen Vorgänger entlastet wird und gewissermaßen nur auf einer Seite
schneidet, während die andere für den Abfluß des Kohlekleins vorbereitet ist.

Es können also sämtliche Meißel dieselbe Form haben. Ein einzelner Meißel ist in der Abb. 74 gezeigt. Es wird sichtbar, daß auf einen langen, schmalen Schaft von rechteckigem Querschnitt, der hochkant steht, vorn ein Hartmetall-Plättchen aufgelötet ist. Das Plättchen ist an der Spitze abgerundet und hinten durch entsprechende Ausbildung des Stahlschaftes gegen seitliches und nach hinten gerichtetes Abdrücken weitgehend geschützt.

Ein derartiger Meißel ist in der folgenden Abb. 75 zeichnerisch dargestellt. Die Spitze des Hartmetall-Plättchens ist so ausgebildet, daß ein Keilwinkel γ von etwas weniger als $90°$ entsteht, wobei für einen Freiwinkel α in der Größe von $4\cdots6°$ gesorgt werden muß, während der Schneidwinkel β, der dem Spanablaufwinkel bei metallbearbeitenden Werkzeugen entspricht, Maße von $0\cdots10°$ haben kann. Beim Arbeiten der Hartmetall-Meißel in Kohle tritt ein

Abb. 74. Schrämmeißel mit Hartmetall-Platte (Werkfoto Eickhoff).

Verschleiß ein, wie er im rechten Teil der genannten Zeichnung schematisch dargestellt ist. Durch die Bewegung des Meißels an der Kohle entlang wird das Hartmetall derartig beansprucht, daß ein Freiflächenverschleiß FV auftritt. Gleichzeitig wird durch die ablaufende Kohle auch ein Schneidflächenverschleiß SV entstehen, der allerdings wesent-

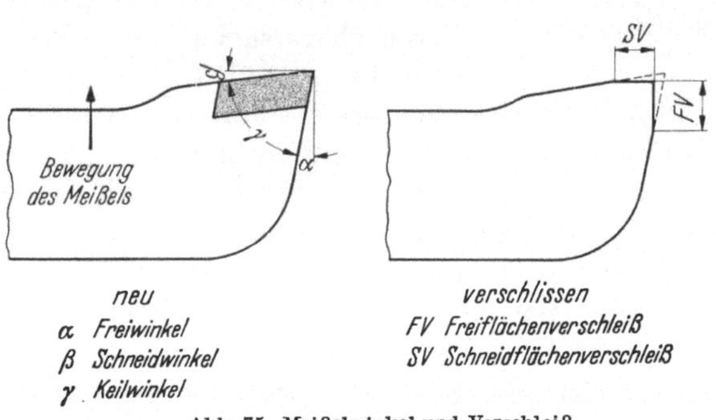

Abb. 75. Meißelwinkel und Verschleiß.

Abb. 76. Ansicht gegen einen Schrämmeißel (Foto Verfasser).

lich kleiner als der vorgenannte ist. Das Kennzeichen für die Abstumpfung des Meißels ist demnach die Größe des Freiflächenverschleißes. Da die Meißel in verschiedener Richtung in ihren Meißelhaltern sitzen, wird der Freiflächenverschleiß normalerweise nicht ein symmetrisches Bild ergeben, sondern, wenn man von vorne gegen die Hartmetall-Platte sieht, halbmondförmiges Aussehen erhalten. Nur die Meißel, die lotrecht aus der Kette hervorragen, wie z. B. die Nr. 1,

10 und 19 des vorher gezeigten Schemas (Abb. 73), haben einen gleichmäßigeren Verschleiß, wie er in der (s. S. 103) Abb. 76 erkennbar wird. Ein derartiger Verschleiß, der eine Höhe von 2, höchstens 2,5 mm erreichen darf, tritt erst nach längerer Arbeitszeit auf. Als Maß für die bis dahin verrichtete Schrämarbeit kann dabei die unterschrämte Fläche in m^2 herangezogen werden. Versuche, die in dieser Richtung mehrfach durchgeführt worden sind, zeigen, daß diese Fläche entsprechend der Kohlenhärte äußerst verschieden sein und sich zwischen 500 und 5000 m^2 bewegen kann. Entsprechend einer Schramtiefe von durchschnittlich 1,5 m entspricht das einer Schlitzlänge von 300 bis 3000 m. Man muß also in harter Kohle bereits nach einmaligem Unterschrämen der Strebfront die Meißel auswechseln und nachschleifen, während in weicherer Kohle mehrfach geschrämt werden kann. Da aber die Kohlenhärte kein meßbarer Begriff ist, beschränkt man sich besser auf den Verschleißzustand der Meißel und schleift bei höchstens 2 mm Schneidflächenverschleiß nach.

Abb. 77. Schrämmeißel mit Hartmetall-Stift
(Foto des Verfassers).

Die Entwicklung von Hartmetall-Meißeln für Schrämmaschinen hat viel Arbeit gemacht. Sie setzte kurz nach der Erfindung der Sinterhartmetalle ein, wobei Vergleichsversuche mit Stahlmeißeln gegenüber solchen, die mit Schneidmetallen und Sinterhartmetallen besetzt waren durchgeführt wurden. Darüber berichten beispielsweise SCHLIEPER und MENKE [83]. Es zeigte sich bald, daß das Sinterhartmetall in der Lage war, Stahl- und Schneidmetall-Werkzeuge beim Schrämen zu verdrängen. Immerhin hat auch die Entwicklung der mit Sinterhartmetall besetzten Schrämmeißel große Schwierigkeiten gemacht, wie aus einem Bericht von MENKE [84] hervorgeht.

Besonders bemerkenswert ist eine Schneidenform, wie sie aus der Abb. 77 hervorgeht. Der Hartmetallbesatz derartiger Meißel wird durch einen konischen voll in das Schaftmaterial eingelöteten Stift dargestellt. In dem unteren Teil der Abbildung ist das Schaftmaterial so weit verschlissen, daß der Stift sichtbar geworden ist. Es ist klar, daß damit der nötige Rückhalt fehlt und Brüche auftreten können. Das ist insbesondere bei den am meisten seitlich aus der Schrämkette herausstehenden Meißeln der Fall. Trotzdem waren diese Stiftmeißel jahrelang diejenigen mit der größten Haltbarkeit und haben sich gut bewährt, wie auch im oberen Teil der Abbildung ein Meißel dargestellt ist, dessen Hartmetall bis auf einen ganz kleinen Rest verbraucht ist.

Der Stiftmeißel ist jedoch seit einigen Jahren durch einen Plattenmeißel verdrängt worden, wie er beispielsweise in der folgenden Abb. 78
gezeigt wird. Es handelt sich dabei um eine Ausführung, bei der der
Schneidwinkel gleich Null ist; sie hat sich für harte Kohle bewährt. Solche
Meißel sind auch vor Jahren bereits ausprobiert worden, doch war damals
die Löttechnik und die Kenntnis von der richtigen Behandlung des
Schaftmaterial noch nicht so weit wie heute. Die Plattenmeißel haben
sich seit neuestem derartig gut bewährt, daß sie nur noch in dieser Form
hergestellt werden.

Außer den bisher gezeigten Normalformen werden auch andere Ausführungen hergestellt, wie sie etwa in der Abb. 79 für Rahmenschräm-
maschinen, oder in der Abb. 80 für die Verwendung in Schlitzmaschinen

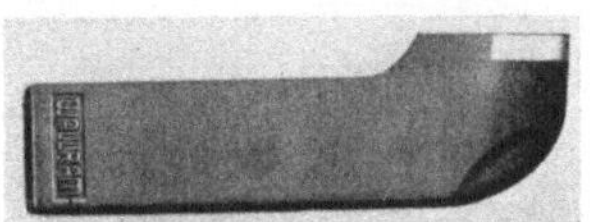

Abb. 78. Plattenmeißel für Ketten-
Schrämmaschinen
(Werkfoto Wallram).

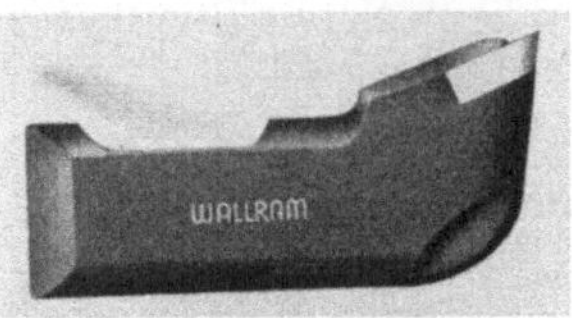

Abb. 79. Plattenmeißel für Rahmen-
Schrämmaschinen
(Werkfoto Wallram).

Abb. 80. Plattenmeißel für Kerbmaschinen (Werkfoto Wallram).

Abb. 81. Plattenmeißel für Stangen-
Schrämmaschinen
(Werkfoto Wallram).

gezeigt sind. Entsprechend den Ausführungen der Ketten dieser Maschinen haben die Meißelschäfte spezielle Formen. Für das Einsetzen in
Schrämpilze oder Stangenschrämmaschinen werden die Schäfte anders
ausgebildet, und zwar mit einem Kegel, der in der Abb. 81 zu erkennen
ist. Diese Meißel heißen deshalb auch Rundmeißel. Die in den letzten
3 Abbildungen dargestellten Meißel haben die Eigenart, daß das Hartmetall nicht nur auf das Schaftmaterial aufgelötet und nach hintenhin
abgestützt ist, sondern daß der Stahlschaft auch bis über das Hartmetall
vorgezogen ist. Es entsteht damit eine Art Schlitzlötung, wodurch die
Hartmetall-Platten gegen Beschädigung und Scherkräfte weitgehend geschützt sind.

c) Bedienungshinweise. Die Hersteller von Schrämmaschinen geben
für die Wartung und Pflege ihrer Maschinen sowie des Zubehörs Bedienungsvorschriften heraus, deren Studium sehr zu empfehlen ist. Diese
Vorschriften gehören nicht nur in die Schreibtischschublade des leitenden

Betriebsbeamten, sondern besonders in die Hand der Bedienungsleute. Dem Thema entsprechend soll hier nicht auf die richtige Bedienung der Schrämmaschinen hingewiesen werden, sondern es sollen einige Einzelheiten über richtige Behandlung der Werkzeuge angegeben werden. Dazu gehören die Schrämmeißel, ihre Halter und die Schrämkette. Da die Kette nie so straff gespannt sein kann, daß die einzelnen Glieder nicht gewisse seitliche Bewegungen machen, ist wenigstens eine sichere Befestigung der einzelnen Hartmetall-Meißel in ihren Meißelhaltern für eine gute Haltbarkeit erforderlich (Abb. 82). Die Meißel müssen so in die Kette eingesetzt werden, daß die Schneide mit ihrem Keilwinkel in Bewegungsrichtung nach vorne zeigt. Die Druckschraube, die den Meißel festhält, muß stets von der Schneidenseite des Meißels eingeschraubt werden, da sich sonst der Meißel beim Schneiden in der Kohle lockern kann. Die Schraube darf

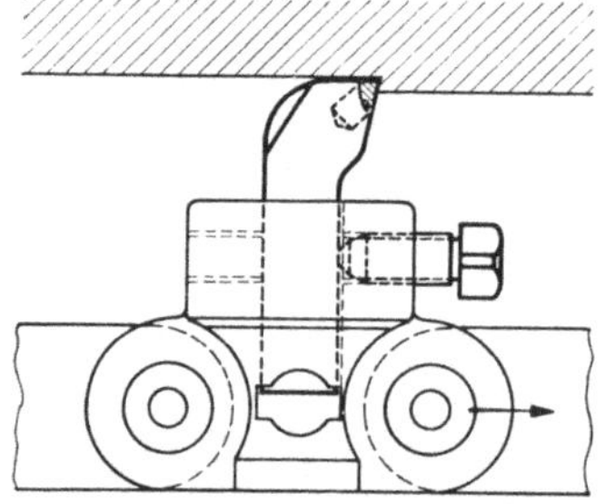

Abb. 82. Befestigung des Meißels im Meißelhalter (Werkfoto Eickhoff).

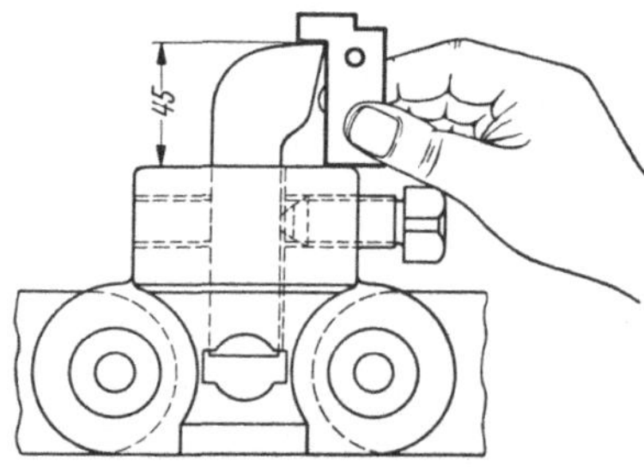

Abb. 83. Einsetzschablone für Kettenmeißel (Werkfoto Eickhoff).

auch nicht mit einer Schlüsselverlängerung angezogen werden, da sonst die Gefahr besteht, daß sie abgewürgt wird. Alle Meißel müssen um das richtige Maß aus ihrem Meißelhalter hervorstehen, wie die Abb. 83 zeigt. Zurückstehende Meißel arbeiten nicht mit, so daß die Nachbarmeißel überlastet sind; zu weit herausstehende Meißel verbiegen sich oder zerbrechen. Es wird vorgeschlagen, zum Zwecke des richtigen Einsetzens eine Schablone zu benutzen, wie sie in der Abbildung sichtbar ist.

Die Meißel müssen in richtiger Anordnung in die Kette eingesetzt werden. Dazu muß das Schema nach Abb. 73 beachtet werden, um auch dadurch eine Überlastung einzelner Meißel zu verhindern.

Auch die Schrämkette muß regelmäßig beobachtet und gegebenenfalls in der Werkstatt überholt werden. Bei der Gelegenheit werden verschlissene Kettenlaschen und Meißelhalter sowie lockere Niete ausgewechselt. Es ist sehr wichtig, daß jeweils 2 gegenüber liegende Kettenlaschen den gleichen Zapfenabstand haben, damit beide Laschen den Kettenzug richtig übertragen. Zum Aussuchen zueinander passender Laschen wird eine Prüflehre benutzt, wie sie in der Abb. 84 dargestellt ist. Die beiden

Seitenkanten sind schwach konisch geneigt, so daß die waagerechten Linien ein Maß von Zehntel zu Zehntel mm ergeben.

Sämtliche Meißel einer Kette sind numeriert. Sie sollen immer wieder an derselben Stelle der Kette eingesetzt werden. Etwa vorzeitig stumpf werdende Meißel müssen rechtzeitig ersetzt werden. Normalerweise wird nach einer bestimmten Schrämlänge, die sich durch Versuche ergeben hat, der ganze Meißelsatz ausgebaut und zum Nachschleifen gegeben, während ein zweiter Meißelsatz eingesetzt wird, so daß keine Betriebsstörungen auftreten können. Der Transport der Meißel wird in einem besonderen Meißelkasten durchgeführt, der von den Schrämmaschinenfabriken mitgeliefert wird und zweckmäßigerweise so ausgeführt wird, wie in der Abb. 85 gezeigt ist. In den Deckel dieses Kastens ist auch das Einsatzschema eingeklebt, das im unteren Teil der Abbildung noch einmal vergrößert dargestellt ist. In einem Rapportbuch, das dem Kasten beigegeben ist, wird über jeden einzelnen Meißel Buch geführt. Der Maschinist trägt das Datum des Einsatzes und des Herausnehmens sowie die erreichte Schrämfläche ein, während der Schleifer in der Werkstatt die Anzahl der Nachschliffe einträgt und beurteilt, wann

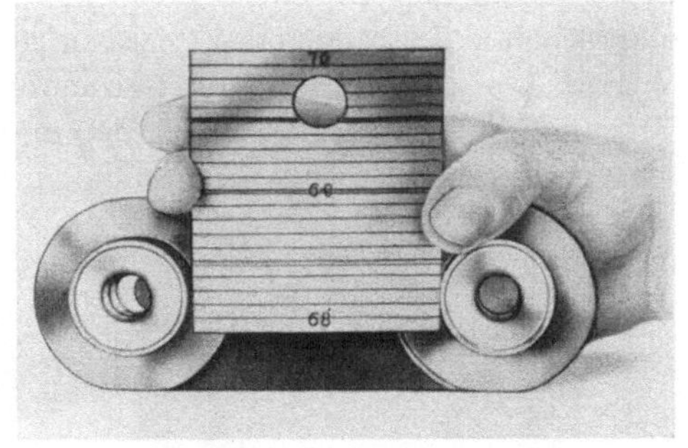

Abb. 84. Schablone für Kettenlaschen (Werkfoto Eickhoff).

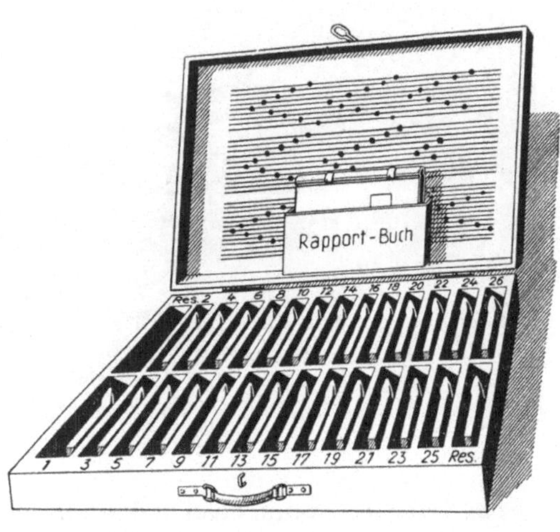

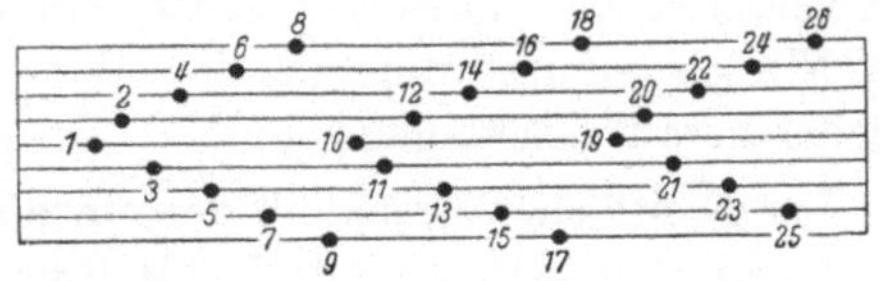

Abb. 85. Meißel-Transportkasten (Eickhoff).

ein Meißel verbraucht ist und aus dem Betrieb genommen werden muß. Die Ermittlung der Einzelstandlänge bis zum Nachschleifen und der Gesamtlebensdauer aller Schrämmeißel ist für spätere Wirtschaftlichkeitsberechnungen äußerst wichtig. Es sollten von den Betriebsbeamten

der Zechen in Fachzeitschriften viel mehr Erfahrungszahlen darüber
mitgeteilt werden.

In der Abb. 81 wurde ein Stangenschrämmeißel gezeigt, der hauptsächlich dazu verwendet wird, in Schrämpilze eingesetzt zu werden.
Solche Meißel sind mit einem konischen Schaft versehen und werden in
entsprechende Bohrungen des Pilzes eingeschlagen. Um ein Beschädigen
der Meißel bei dieser Gelegenheit zu verhindern, hat die Firma Eickhoff
ein Spezialschlageisen entwickelt, das in der Abb. 86 einzeln und in der
Benutzung gezeigt ist. Im unteren linken Teil des Bildes wird vorgeführt,

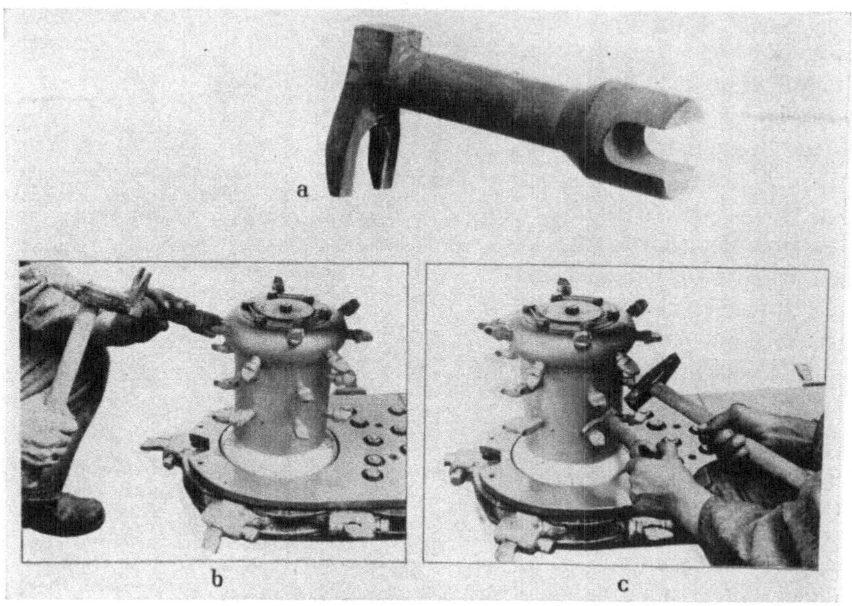

Abb. 86a—c. Schlageisen für Rundmeißel (Werkfoto Eickhoff).

wie ein Stangenschrämmeißel in den Pilz eingeschlagen wird, während im
rechten Teil des Bildes gezeigt ist, wie man die Klaue am anderen Ende
des Meißels benutzt, um nach dem Verschleiß des Hartmetalls den Meißel
wieder herauszuschlagen.

Der Freiflächenverschleiß der einzelnen Schrämmeißel darf nicht zu
groß werden und keinesfalls das Maß von 2 oder höchstens 2,5 mm überschreiten, wenn noch ein ruhiges und gleichmäßiges Arbeiten der Schrämmaschine gewährleistet sein und das Hartmetall vor Brüchen geschützt
werden soll. Dieses Maß braucht aber in den meisten Fällen nicht abge-
wartet zu werden. Es ist zweckmäßig nur eine Streblänge zu schrämen,
so daß bereits nach 2···300 m nachgeschliffen wird. Die Hersteller von
Schrämmaschinen empfehlen, den Freiflächenverschleiß nicht über 0,5 mm

groß werden zu lassen. Damit lassen sich die Hartmetall-Meißel häufig, bis zu 20 mal, nachschleifen, und eine Gefährdung durch zu große Abstumpfung wird vermieden.

Das Nachschleifen kann von Hand vorgenommen werden. Dann gehört aber ein sehr guter Fachmann an die Schleifmaschine, der die Einhaltung der richtigen Winkel durch Schablonen, wie sie in der Abb. 87 dargestellt sind, kontrolliert. Beim Freihandschleifen von Werkzeugen müssen spezielle Schleifscheiben grüner Farbe benutzt werden, Körnung und Härte werden vom Lieferwerk der Meißel angegeben. Die Umfangsgeschwindigkeit

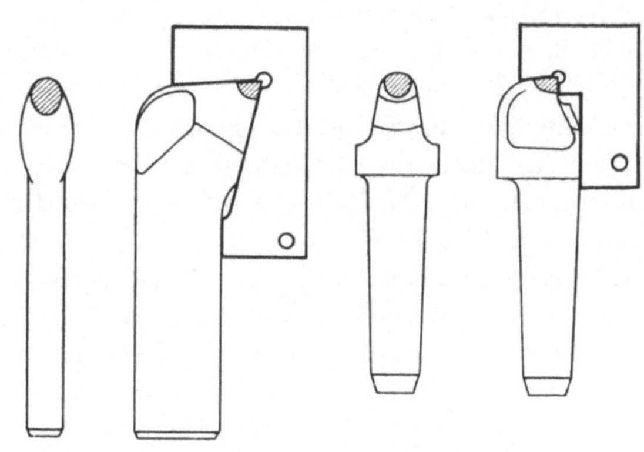

Abb. 87. Schleifschablonen (Zeichnung Eickhoff).

soll etwa 25 m/sec betragen; es muß mit reichlicher Wasserzufuhr gearbeitet werden.

Seit einigen Jahren sind halbautomatisch arbeitende Schleifmaschinen für das Nachschärfen von Schrämmeißeln entwickelt worden [20]. In der

Abb. 88. Schleifmaschine für Schrämmeißel (Werkfoto Eickhoff).

Abb. 88 ist im Ausschnitt eine solche Maschine gezeigt. Durch entsprechende Haltevorrichtungen werden die richtigen Schneidenwinkel erzwungen, so daß man ohne Schablone auskommt. In beiden Fällen, beim

Freihand- und beim maschinellen Schleifen muß darauf geachtet werden, daß nicht zuviel von dem teuren Hartmetall weggenommen wird und nur die ursprüngliche Form der Schneide wieder hergestellt wird.

d) Schrämkosten. Die Kosten für das Herstellen eines Schrams lassen sich in ähnlicher Weise wie die Kosten eines Sprengbohrloches (vgl. S. 42ff.) in Gestein ermitteln. Die Schrämkosten lassen sich einteilen in Kapitalkosten, d. h. Abschreibung und Verzinsung des in der Maschine angelegten Kapitals, Kosten für Instandhaltung und Reparaturen der Maschine und der Kette, Energiekosten für den Antrieb der Maschine, Kosten für Materialverbrauch, d. h. Verbrauch an Schrämmeißeln und Aufarbeitung von Meißeln sowie Lohnkosten für die Bedienung der Maschine beim Schrämen.

Die Kapitalkosten werden zweckmäßigerweise nach der Rentenformel ausgerechnet und ergeben dann einen Wert in DM pro Jahr, der mit der Anzahl der Arbeitstage pro Jahr auf DM pro Tag umgerechnet werden kann. Bei Benutzung der Rentenformel ist es wichtig, die voraussichtliche Lebensdauer der Maschine zu kennen. Angaben darüber schwanken stark; während in Rundschreiben der Deutschen Kohlenbergbauleitung an die Mitgliedszechen eine Lebensdauer von 4···5 Jahren genannt wird, haben einzelne Zechen festgestellt, daß man unbedenklich 10 Jahre bis zum Verbrauch der Maschine ansetzen kann.

Wegen des hohen Anschaffungspreises von Großschrämmaschinen sind die Kapitalkosten nicht unbeträchtlich. So muß man für eine Druckluft-angetriebene Maschine von 70 PS 29000,— DM Anschaffungspreis rechnen, während die elektrische Großschrämmaschine von 60 kW rd. 36000,— DM kostet. Nimmt man 5% Verzinsung an, so ergeben sich mit diesen Zahlen für die Druckluft-Schrämmaschine bei 5jähriger Lebensdauer 6700 DM/Jahr und bei 10jähriger Lebensdauer 3800 DM/Jahr. Mit 300 Arbeitstagen im Jahr errechnen sich daraus die täglichen Kapitalkosten zu 22,30 DM/Tag bzw. 12,60 DM/Tag.

Instandhaltungskosten entstehen, solange die Maschine sich im Streb befindet, vor allem durch regelmäßiges Schmieren und Reparaturen an der Schrämkette. Darüber hinaus müssen die Maschinen in größeren Zeitabschnitten, beispielsweise 1 Jahr, zur Generalüberholung in die Werkstatt übertage gebracht werden. Diese Instandhaltungskosten muß man beobachten und in der Maschinenliste festhalten. Man kann dann nachträglich feststellen, wie hoch sie im Verhältnis zum Neuwert der Maschine sind. Damit läßt sich ein Prozentsatz jährlich vom Neuwert errechnen, der auch für die Vorausbestimmung der Instandhaltungskosten gültig ist. In Zechenbetrieben ist es üblich, hierfür einen Mittelwert von 20% einzusetzen. Damit ergibt sich bei der Druckluft-betriebenen Maschine ein Betrag von 5800 DM/Jahr oder bei 300 Arbeitstagen pro Jahr 19,40 DM/Tag.

Bei einer Druckluft-angetriebenen Maschine kann man den Energie-Verbrauch aus dem spezifischen Luftverbrauch des Motors errechnen. Für Pfeilrad-Motoren, wie sie in Schrämmaschinen benutzt werden, kann man $q = 40$ m³ angesaugte Luft je PSh ansetzen. Dieser Wert muß mit der Leistung der Maschine in PS multipliziert werden, um die verbrauchten m³ Luft je Stunde zu erhalten. Allerdings braucht die Leistung nicht mit dem Höchstwert angesetzt zu werden, da die Maschine nicht dauernd mit voller Leistung arbeitet. Nehmen wir für unser Beispiel 50 PS an, so wird $Q = 40 \times 50 = 2000$ m³ a.L./h. Der Preis der Druckluft wird in DM je 1000 m³ a. L. ausgedrückt und kann im Durchschnitt mit DM 7,— einschließlich der Verluste im Leitungsnetz angenommen werden. Damit werden die Energiekosten der Schrämmaschine $\dfrac{2000 \cdot 7}{1000} = 14$ DM/h. Bei den modernen Hochleistungsschrämmaschinen kann man annehmen, daß die Arbeit in 3 Stunden pro Schicht erledigt ist. Es ergibt sich daher der Energieverbrauch zu 42 DM/Schicht. Die Energiekosten sind hoch. Sie lassen sich erheblich durch Anwendung elektrisch angetriebener Schrämmaschinen vermindern. Doch muß man berücksichtigen, daß solche Maschinen wesentlich teurer in der Anschaffung sind und vielfach auch neue Kabelleitungen verlegt werden müssen. Auch ist wegen Schlagwettergefahr ihre Verwendung nicht überall möglich.

Unter Materialverbrauch soll hier nur der Verbrauch an Schrämmeißeln verstanden werden, während der Ersatzteilverbrauch der Schrämkette schon in den Instandhaltungskosten erfaßt war. Schrämketten tragen je nach der Schrämarmlänge 19 bis 30 Schrämmeißel. Für unser Beispiel sollen 24 Meißel angenommen werden, die 12 DM/Stück kosten, so daß sich ein Anschaffungswert von 288,— DM ergibt. Je nach der Kohlenhärte ist die Haltbarkeit dieser Meißel sehr verschieden und muß in jedem einzelnen Fall durch Versuche bestimmt werden. Es ist üblich, die Haltbarkeit von Schrämmeißeln nicht in Tagen, sondern in m² unterschrämter Fläche anzugeben. Um jedoch eine Vergleichsmöglichkeit herzustellen, soll hier — wieder beispielhaft — angenommen werden, daß ein Satz Hartmetall-Meißel 10000 m² bis zum völligen Verbrauch unterschrämt hat. Das würde bei 200 m Streblänge und 1,4 m Schramtiefe 280 m² pro Schicht, und wenn man nur einschichtig arbeiten würde, auch 280 m² je Tag ausmachen. Daraus errechnet sich dann eine Dauerhaltbarkeit von 36 Tagen, so daß jeder einzelne Tag mit etwa 8 DM Meißelkosten belastet wäre.

Hinzukommen die Kosten für Nachschärfen der Meißel, die nicht nur den Lohn des Schleifers, sondern auch die Maschinenkosten und den Schleifscheibenverbrauch der Schleifmaschine enthalten müssen. Die Schleifkosten sind in starkem Maße davon abhängig, ob nach jeder Schicht oder nur alle 2 oder 3 Schichten nachgeschliffen werden muß.

Für das Nachschleifen von 24 Meißeln kann man 240 Arbeitsminuten ansetzen, was bei 3,00 DM Stundenlohn einschl. der sozialen Zuschläge 12,— DM entspricht. Weitere 5,— DM für Schleifmaschinenkosten ergeben DM 17,— pro Schrämmeißeleinsatz, die entweder ganz bei täglichem Nachschliff oder zur Hälfte oder zu einem Drittel dem Meißelverbrauch je Tag hinzugefügt werden müssen. Wird angenommen, daß jeden zweiten Tag nachgeschliffen wird, so findet man

$$8 + \frac{16}{2} = 16,\text{— DM/Tag}$$

Meißelkosten.

Den größten Anteil an den Schrämkosten haben die Lohnkosten der Bedienungsleute. Man muß mit 2 Mann Bedienung rechnen, die auch dann für die Schrämmaschine beschäftigt sind, wenn sie nicht 8 Stunden lang pro Schicht läuft. Bei einem Lohn von 16,— DM pro Schicht $+50\%$ Zuschlag für Soziallasten errechnen sich für die beiden Leute 54 DM/-Schicht.

Tabelle 7. Beispiele von Kostenzusammenstellungen.

Kostenart	Beispiel 1954		SCHLIEPER u. MENKE in harter Kohle, 1933 %
	DM/Tag	Kostenanteil in %	
Kapitalkosten	22,30	14,6	18
Instandhaltungskosten	19,40	12,6	23
Energiekosten	42,00	27,5	9
Meißelkosten	16,00	11,2	6
Lohnkosten	54,00	34,1	44
Summe	153,70	100,0	100

Diese Kosten können nur als Beispiele gewertet werden. Es ist wahrscheinlich, daß sie bei Zeitstudien, die man im eigenen Betrieb anstellt, in der einen oder anderen Kostenart starke Unterschiede bringen. Diese sind in den geologischen Verhältnissen, in der Kohlenhärte, in den Luftkosten der betreffenden Anlage, in der Ausrüstung der Werkstatt und in der Lebensdauer der Maschine begründet.

Betrachtet man Angaben aus der Literatur, so muß man feststellen, daß sich mit den Jahren die Summe aller Einzelkosten zunehmend vergrößert hat. Es ist daher nicht möglich, die absoluten Werte miteinander zu vergleichen. Deshalb sind in der obigen Tabelle 7 die einzelnen Kostenarten in Prozenten der Gesamtkosten angegeben. SCHLIEPER und MENKE [83] haben in harter Kohle für 5 Jahre Lebensdauer der Schrämmaschinen eine Untersuchung im Jahre 1933 durchgeführt. Ihren Zahlen sind diejenigen unseres Beispiels gegenübergestellt. Ein Unterschied ergibt sich vor allem in der Höhe der Energiekosten und der Lohnkosten. Die damaligen Maschinen hatten schwächere Motoren, verbrauchten daher weniger Luft, aber brauchten längere Zeit, so daß zwar die Energiekosten niedriger, aber die Lohnkosten höher wurden.

Neuere Untersuchungen über die Kosten von Schrämmaschinen haben WILDE [85] im Jahre 1941 und BORSCHEL [86] im Jahre 1951 durchgeführt. Beide haben 10 Jahre Lebensdauer bei der Berechnung der Kapitalkosten angesetzt; beide haben auch Untersuchungen in weicher und harter Kohle durchgeführt. Man erkennt aus der nächsten Tabelle 8, daß ihre Ergebnisse in etwa übereinstimmen. In allen Fällen sind die Lohnkosten die größten, während die Meißelkosten den niedrigsten Wert haben.

Tabelle 8. *Kostenzusammenstellungen.*

Kostenart	WILDE 1941		BORSCHEL 1951	
	weiche Kohle	harte Kohle	weiche Kohle	harte Kohle
Kapitalkosten	8%	8%	11%	10%
Instandshaltungskosten	14%	18%	9%	20%
Energiekosten	14%	14%	9%	14%
Meißelkosten	5%	10%	5%	7%
Lohnkosten	59%	50%	66%	49%

Für Vergleichszwecke sind die Schrämkosten pro Tag brauchbar; den Betriebsmann interessiert mehr, wie hoch jede einzelne Tonne Kohle durch die Schrämkosten belastet wird. Man muß also noch die Kosten pro Tag auf diejenigen pro t Kohle umrechnen. Das geschieht in einfacher Weise dadurch, daß man die täglich unterschrämte Fläche mit der Flözmächtigkeit multipliziert und so das Kohlevolumen erhält, das mit der Wichte der festen Kohle vervielfacht das zur Gewinnung vorbereitete Kohlegewicht pro Tag ergibt.

Wurden z. B. bei 200 m Streblänge und 1,4 m Schrämtiefe täglich 280 m² unterschrämt, und ist die Flözmächtigkeit 1,2 m, so werden täglich $280 \times 1,2 = 335$ m³ Kohle unterschrämt. Hat weiter die Kohle eine Wichte von 1,35 t/m³, so werden $335 \times 1,35 = 450$ t Kohle pro Tag unterschrämt. Die im Beispiel gefundenen 154 DM pro Tag verteilen sich also auf 450 t Kohle, so daß jede Tonne für die Schrämarbeit mit 0,34 DM belastet ist. Es handelt sich hierbei um die Rohkohle. Der Wert verändert sich noch bei Einsatz der Kohlenmenge in verwertbarer Förderung.

e) Wirtschaftlichkeitsbetrachtungen. Wie bereits früher ausgeführt, sind Wirtschaftlichkeitsberechnungen vergleichende Kostenrechnungen. Vergleiche, die beim Schrämen angestellt werden können, beziehen sich darauf, daß man dieselbe Schrämmaschine entweder mit Stahlmeißeln oder mit Hartmetall-besetzten Meißeln benutzt. Ein anderer Vergleich ergibt sich dann, wenn man untersucht, wie sich die Kohlengewinnungskosten mit Schrämmaschinen gegenüber denen verhalten, die beim Arbeiten mit Abbauhämmern entstehen.

Vergleiche der Schrämkosten mit Stahlmeißeln gegenüber den Kosten mit Hartmetall-Meißeln sind bereits bei der Einführung der Hartmetall-Meißel durchgeführt worden. Mit zunehmender Betriebssicherheit der Hartmetall-Meißel ist der Vergleich seit vielen Jahren zu Gunsten dieser Meißel entschieden. Es gibt heutzutage keine Schrämmaschine mehr, die mit Stahlmeißeln arbeitet. Trotzdem sind Versuche interessant, die FRITZSCHE und BORSCHEL [86] durchgeführt haben. Aus ihren Ergebnissen soll hier in der Abb. 89 der Freiflächenverschleiß in Abhängigkeit von der unterschrämten Fläche angeführt werden. In ein und demselben

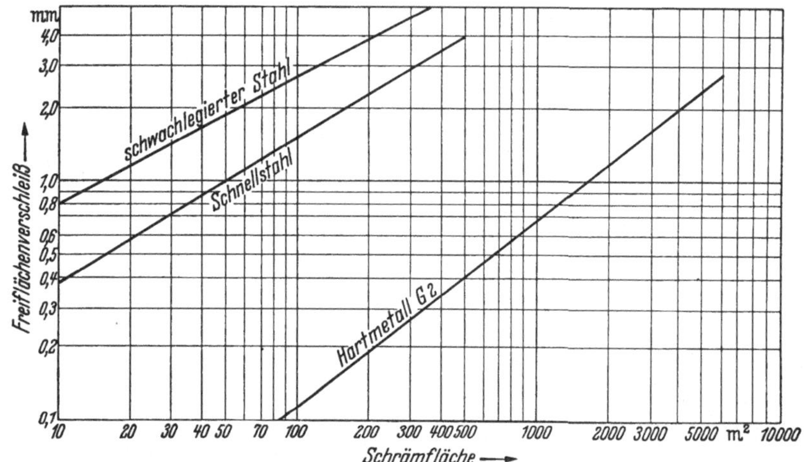

Abb. 89. Einfluß des Schneidenmaterials auf den Verschleiß von Schrämmeißeln (nach BORSCHEL).

Flöz wurden Schrämmeißel aus schwachlegiertem Stahl, Schnellstahl und mit Hartmetall G 2 besetzt ausprobiert und ihr Freiflächenverschleiß in regelmäßigen Zeitabschnitten gemessen. Trägt man den Verschleiß und die unterschrämte Fläche, die der Schrämzeit verhältnisgleich ist, im logarithmischen Maßstab auf, so ergeben sich gerade Linien verschiedener Neigung, die die hohe Widerstandsfähigkeit des Hartmetalls im Vergleich zum Stahl erkennen lassen. Mit anderen Worten: Hartmetall-besetzte Meißel kommen erst nach einer sehr viel größeren Schrämfläche zu demselben Freiflächenverschleiß wie Stahlmeißel. Aus dem Diagramm kann beispielsweise entnommen werden, daß Schrämmeißel aus schwachlegiertem Stahl bereits nach 60 m² Schrämfläche einen Freiflächenverschleiß von 2 mm hatten, während Schnellstahl immerhin etwa 160 m² bis zu dieser Grenze aushielt, dagegen aber Hartmetall-besetzte Meißel 4000 m² erreichten. Diese Überlegenheit des Hartmetalls führt zu Einsparungen an Energiekosten, Lohnkosten und auch Meißelkosten, so daß der höhere

Anschaffungspreis der Hartmetall-besetzten Meißel bei weitem ausgeglichen wird.

Die wichtigere Frage einer Vergleichsrechnung ist die nach der wirtschaftlichen Grenze des Einsatzes der Schrämmaschinen gegenüber dem Arbeiten mit Abbauhämmern. Hier ist der Einfluß des Hartmetalls nicht so groß. Wie die angeführten Untersuchungen ergaben, machen die Meißelkosten insgesamt nur höchstens 11% der Gesamtkosten aus, so daß weitere Ersparnisse an dieser Stelle zwar ins Gewicht fallen, aber nicht ausschlaggebend sind. In ähnlicher Weise wie bei der Bestimmung der Schrämkosten oder der Kosten des Gesteinsbohrens muß man auch die Kosten untersuchen, die beim Arbeiten mit dem Abbauhammer entstehen. Dabei kann man nach demselben Kostenschema vorgehen und Maschinenkosten, Instandhaltungskosten, Energie- und Lohnkosten errechnen. Als Materialverbrauch muß der Verbrauch an Spitzeisen berücksichtigt werden. Die Ermittlung dieser Kosten ist in den meisten Fällen einfach, da es sich nicht um eine Vorausberechnung handelt, sondern um die Beobachtung der im Betrieb befindlichen Maschinen.

Demgegenüber sind die Kosten, die beim Arbeiten mit Schrämmaschinen entstehen, die erst beschafft werden sollen, schwieriger zu finden. Zu einigermaßen sicheren Ergebnissen kommt man nur aufgrund von längeren Versuchen oder Probe-Einsätzen. Verschiedene Forscher haben versucht, aufgrund umfangreicher Zeitstudien in den verschiedensten Flözen und Kohlenarten diese Versuche überflüssig zu machen. VOGEL [87] beschreitet dabei den Weg, die verschiedenen Arbeitsverfahren dadurch vergleichbar zu machen, daß er kostengleiche Arbeitsminuten als Maß einführt. Aus zahlreichen Unterlagen errechnet er die Wirtschaftlichkeitsgrenze für die verschiedenen Kohlenflöze des Ruhrgebietes, wenn die Lösezeiten mit Abbauhammer-Arbeit bekannt sind.

Leider ist es nicht möglich, die Kohle nur mit Schrämmaschinen zu gewinnen, sondern in den meisten Fällen muß die unterschrämte Kohle noch durch eine, wenn auch verringerte Abbauhammerarbeit gewonnen werden. Im Vergleich steht dann also der reine Abbauhammerbetrieb gegenüber der kombinierten Schräm- und Abbauhammerarbeit. FRITZSCHE und BORSCHEL [86] haben ebenfalls sehr umfangreiche Untersuchungen zur Festlegung der Kostengrenze zwischen diesen beiden Verfahren durchgeführt und finden sie in Abhängigkeit von der Kohlenhärte und Flözmächtigkeit. Je stärker der unterschrämte Kohlenpacken ist, um so mehr Tonnen Kohle werden mit ein und derselben Schrämarbeit zur Gewinnung vorbereitet und um so geringer wird der Kostenanteil des Schrämens pro Tonne Kohle. Je härter die Kohle ist, um so langsamer muß man schrämen, und um so mehr steigen die Kosten der Schrämarbeit. Die Kohlenhärte ist ein Begriff, der ebenso wenig festliegt, wie die Gesteinshärte. Sie kann noch weniger als diese durch solche Messungen bestimmt

werden, wie sie bei Metallen üblich sind. FRITZSCHE und BORSCHEL haben
daher einen neuen Wert gesucht, der kennzeichnend für die Kohlenhärte
ist, und haben ihn in der Größe des Freiflächenverschleißes der Hartmetall-Meißel nach 100 m² unterschrämter Fläche gefunden.

Zur Erläuterung sei aus ihren Untersuchungen die folgende Abb. 90
aufgeführt. Derselbe mit Hartmetall besetzte Schrämmeißel erbringt in
weicher Kohle eine größere Schrämfläche bis zu demselben Freiflächenverschleiß als in mittelharter oder harter Kohle. Umgekehrt kann man
den Freiflächenverschleiß für eine bestimmte unterschrämte Fläche, beispielsweise 100 m², als Maß für die Kohlenhärte auffassen. Das Maß a ist
in der Abbildung eingezeichnet. Nach dieser Erkenntnis genügt es, nur

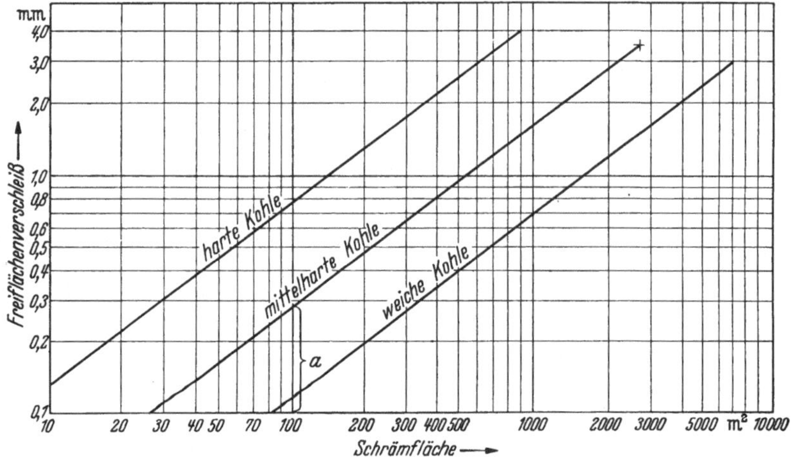

Abb. 90. Einfluß der Kohlenhärte auf den Verschleiß von Schrämmeißeln (nach BORSCHEL).

einen kurzen oder wegen der möglichen Streuung mehrere kurze Schräm-
versuche in der betreffenden Kohle durchzuführen, um den Wert a zu
finden. Die genannten Forscher entwickeln in ihrer Arbeit Formeln, aus
denen dann die Schrämkosten ermittelt werden und gehen in Kurven und
Zahlentafeln auf die wirtschaftliche Grenze des Schrämbetriebes gegenüber dem Abbauhammerbetrieb ein. Außer dem Einfluß auf Kohle und
Flözmächtigkeit wird dabei auch auf den Einfluß einer stempelfreien Abbaufront und der Ladearbeit hingewiesen. Während bei Abbauhammerarbeit die gesamte hereingeholte Kohle durch Schaufelarbeit von Hand in
den Förderer geladen werden muß, wird bei modern vorgerichteten Flözen
bei stempelfreier Abbaufront der Förderer unmittelbar am Kohlenstoß
verlegt, so daß die Kohle z. T. selbständig in den Förderer hineinfällt oder
durch mit der Schrämmaschine verbundene Lademaschinen automatisch
in den Förderer gebracht wird.

f) Ausblick. FRITZSCHE und BORSCHEL [*86*] stellen bereits fest, daß im Vergleich zum Abbauhammerbetrieb mehr Kohle als bisher wirtschaftlich mit Schrämmaschinen gelöst werden könnte. Bei Berücksichtigung von Lademaschinen wird sich die Wirtschaftlichkeitsgrenze noch weiter zu Gunsten des Schrämens verschieben. In den Vereinigten Staaten von Nordamerika ist zuerst eine Maschine entwickelt worden, die als kombinierte Schräm- und Lademaschine und damit als weitgehende Durchführung des Gedankens der Vollmechanisierung bezeichnet werden kann. In der bereits erwähnten Arbeit von PELTZER [*81*] ist diese Maschine beschrieben. Es sind mehrere Schrämketten nebeneinander in einem Schrämkopf eingebracht, der geschwenkt sowie gehoben und gesenkt werden kann, während die ganze Maschine auf Raupen vorwärts- oder

Abb. 91. Continous Miner im Einsatz.

rückwärtsfährt. Die Ketten laufen von unten nach oben um. Die zerspante und von den Schrämketten nach rückwärts auf ein Ladeband weiterbeförderte Kohle wird von dort in Transportwagen abgeworfen. Die Abb. 91 läßt erkennen, daß in Amerika vielfach ein anderes Abbauverfahren angewendet werden kann als in Deutschland. Man erkennt die großen ausgekohlten Räume, in denen das Hangende ohne wesentlichen Ausbau stehen bleibt. Einer der Maschinisten wechselt gerade einen Schrämmeißel aus.

HAARMANN [*88*] hat diese Maschine für deutsche Verhältnisse umgeändert und als Dauerwühler bezeichnet. In der nachstehenden Abb. 92 ist die nach seinem Vorschlag von der Fa. Eickhoff gebaute Maschine abgebildet. Gegenüber der amerikanischen Ausführung ist der ganze Schrämkopf um 90° gedreht und wird mit der antreibenden Maschine an der Strebfront entlangbewegt. Dabei wird die Kohle in den unmittelbar nebenherlaufenden Förderer geworfen, während ein nachfolgender Räumpflug das ausgekohlte Feld säubert.

Wenn sich auch diese Maschine im westdeutschen Steinkohlenbergbau nicht durchsetzen konnte, so stellt sie doch einen wichtigen Abschnitt in der Entwicklung dar. Die Fa. Eickhoff hat den Grundgedanken weiterverfolgt und neuerdings eine Maschine gebaut, die unter der Bezeichnung Walzenschrämlader läuft und in einem Ausführungsbeispiel in der unten-

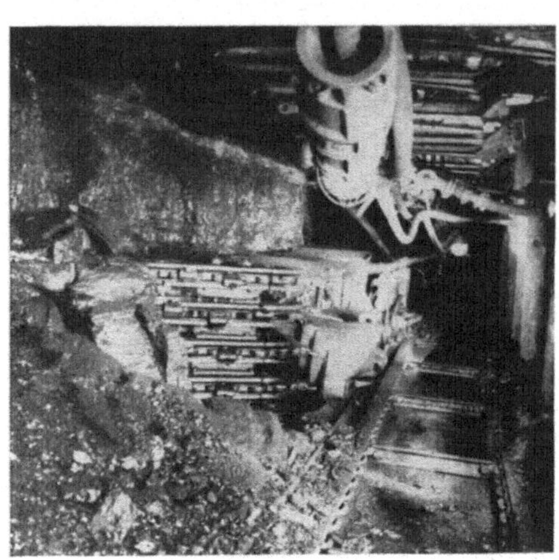

Abb. 92. Dauerwühler nach HAARMANN (Werkfoto Eickhoff).

stehenden Abb. 93 dargestellt ist. Neu ist daran, daß die Schrämwerkzeuge nicht mehr in Ketten, sondern auf Walzen eingesetzt sind. Damit wird ähnlich wie bei dem Dauerwühler die gesamte Kohle zerspant. Die Meißel sind aber starr in ihrer Unterlage eingesetzt. Dadurch lassen sich die ersten sehr günstigen Versuchsergebnisse erklären, die ergaben, daß die mit Hartmetall bestückten Schrämmeißel wesentlich längere Standdauern erbracht haben als solche, die in Ketten unstarr eingesetzt waren.

Die Walzenschrämmaschinen sind auch bereits in Kalisalzen ausprobiert worden und haben ebenfalls günstige Anfangserfolge erbracht. Zahlen

Abb. 93. Walzenschrämmaschine (Werkfoto Eickhoff).

darüber können noch nicht genannt werden, wie auch die Maschinenkonstruktion durchaus noch nicht endgültig ist.

Sowohl die Schrämmaschine allein, wie auch kombinierte Schräm-Lademaschinen und die ebenfalls in Deutschland entwickelten Kohlenhobel mit schälender Gewinnung der Kohle verfolgen den Zweck, den

Bergarbeiter von der schweren Abbauhammerarbeit zu entlasten. Außer der anstrengenden körperlichen Tätigkeit können durch Einsatz solcher Maschinen auch die durch Abbauhammerarbeit verursachten Muskel- und Gelenkerkrankungen vermieden werden. Es ist also nicht nur aus wirtschaftlichen, sondern auch aus sozialen Gründen lohnend, die Anwendung der Maschinen für schneidende und schälende Kohlengewinnung weiter voranzutreiben, die aber nur in Verbindung mit Hartmetall-Werkzeugen wirtschaftlich arbeiten können.

VI. Kohlenhobel und Großlochrollenbohrer.

Bei diesen beiden Anwendungsgebieten wird Hartmetall nicht in der Form von gesinterten Platten verwendet, sondern es werden Hartlegierungen benutzt, die unter der Schweißflamme flüssig gemacht werden und dann an der Oberfläche der Werkzeuge als zusammenhängende Schicht von großer Verschleißfestigkeit aufgetragen werden. Bevor daher auf die Anwendung von Kohlenhobeln und Rollenbohrern eingegangen wird, soll zunächst zusammenfassend einiges über Hartlegierungen gesagt werden [*89*].

1. Hartlegierungen.

Wie bereits eingangs erwähnt, kann man eine harte Schicht auf Stahlträgern auch dadurch erzeugen, daß man pulveriges oder gekörntes Wolfram-Karbid unter der Schweißflamme flüssig macht und auf die Oberfläche aufträgt. Ferner kann man Hartlegierungen verwen-

Abb. 94. Röhrchen mit Gußhartmetall-Füllung
(Werkfoto Wallram).

den, die aus Metallen wie Chrom, Mangan und Wolfram legiert sind und die ebenfalls aufgeschweißt werden. Schließlich ist es möglich, gesinterte Hartmetall-Platten oder gegossenes Wolfram-Karbid in Plattenform in eine Hartlegierung einzuschweißen und damit die obere Schicht von Werkzeugen besonders verschleißfest zu machen.

Pulverisiertes oder gekörntes Wolfram-Karbid wird unter verschiedenen Namen geliefert, die von den einzelnen Herstellerwerken benutzt werden, z. B. Celsit von Böhler, Triamant von Wallram oder Verdur von der Widia-Fabrik. Das Wolfram-Karbid-Pulver oder die feinen oder groben Körner werden in Stahlröhrchen untergebracht (Abb. 94). Diese Röhrchen werden wie Schweißstäbe benutzt. Unter der Schweißflamme wird sowohl die Füllung als auch der Mantel flüssig, so daß sich an der Oberfläche des Materials eine Legierung aus Wolfram-Karbid und Stahl bildet. Werden gekörnte Wolfram-Karbide mit dem Stahl zusammen aufgeschweißt, so ergibt sich eine teilweise Lösung des Wolfram-Karbids bei den feineren Körnungen, während bei grobem Korn die Stücke aus Wolfram-Karbid erhalten bleiben.

Normalerweise wird das Material durch Gasschmelzschweißung flüssig gemacht und aufgetragen. Damit wird erreicht, daß die Unterlage gut erwärmt wird, so daß später beim Abkühlen keine allzu großen Spannungen auftreten. Es gibt aber auch speziell für Elektroschweißung geeignete Röhrchen.

Die pulverigen und feinkörnigen Sorten ergeben Aufschweißungen von annähernd homogener Legierung. Sie eignen sich vor allem für die Herstellung von harten Oberflächen an Maschinenteilen und Werkzeugen, die einem Verschleiß durch Reibung unterworfen sind.

Abb. 95. Fischschwanzmeißel mit aufgeschweißten Gußhartmetall-Stücken (Werkfoto Wallram).

Abb. 96. Beschweißen einer Rollenbohrkrone mit einer Hartlegierung (Werkfoto Wallram).

Die grobkörnigen Sorten lösen sich beim Aufschweißen nicht auf, sondern es bleiben sehr harte Körner von Gußkarbid in der umgebenden Legierung, die ebenfalls hart ist, bestehen. Diese Sorten finden Anwendung für das Beschweißen von Fischschwanzmeißeln (Abb. 95), Rollenkronen und Rotary-Bohrern für Erdöltiefbohrungen in hartem Gestein. Der Vorteil liegt darin, daß die sehr harten, aber auch spröden Gußkarbidstücke in einer sehr zähen und trotzdem festen Schicht eingebettet sind. Damit ist eine gute Widerstandsfähigkeit gegen Abrieb und gleichzeitig Schlag und Stoß gegeben.

Hartlegierungen sind in allen ihren Sorten dafür vorgesehen, daß sie vom Verbraucher selbst verarbeitet werden (Abb. 96). Dazu gehört eine große Erfahrung, die die Herstellerwerke gern vermitteln. Hier kann nur angedeutet werden, daß die Erhitzung des Trägerwerkzeuges möglichst zunderfrei vorgenommen werden muß. Während des Schweißens und nachher darf die Abkühlung nur sehr langsam vor sich gehen, um Spannungen kleinzuhalten. Werden mehrere Schichten aufgebracht, so ist es zweckmäßig, den Trägerkörper zwischendurch wieder anzuwärmen. Eine gute Bindung zwischen Grundmaterial und Aufschweißlegierung wird dann erzeugt, wenn das Grundmaterial an der Oberfläche bis nahe an den Schmelzpunkt erhitzt wird. Das Auftropfen selbst muß mit Azetylenüberschuß, d. h. mit reduzierender Flamme durchgeführt werden.

Eine zweite Gruppe von Aufschweißlegierungen setzt sich aus reinen Metallen zusammen, also nicht Metallkohlenstoffverbindungen wie Wolfram-Karbid. Solche Legierungen enthalten z.B. nur Chrom und Mangan. Sie sind dann dazu bestimmt, Bohrformstücke oder Bohrspitzen aus gegossenem oder gesintertem Hartmetall einzuschließen. Diese Legierungen sind also nicht so hart wie die vorher beschriebene, die Wolfram-Karbid enthält. Sie dienen vergleichsweise als Hartlote, die aber Eigenschaften von Mangan-Hartstahl haben.

Es gibt weitere Metallegierungen, die außer Chrom und Mangan noch metallisches Wolfram und Kobalt enthalten und damit wesentlich härter sind als diejenigen, die nur aus Chrom und Mangan bestehen. Auch diese Legierungen eignen sich für sich allein zum Panzern von Gesteinsbohrwerkzeugen und verschleißgefährdeten Maschinenteilen. Sie finden aber auch als Einbettungswerkstoff für Bohr- und Formstücke aus Guß-Wolfram-Karbid Verwendung. Die Herstellerwerke haben auch für diese Legierungen Werbenamen eingeführt. So nennt die Widia-Fabrik ihre Metalllegierung Diaweld und Wallram ihr entsprechendes Erzeugnis Prodamant.

Auch diese beiden Werkstoffe werden in eigener Werkstatt des Verbrauchers verwendet. Vor der Besetzung von Werkzeugen mit Bohrstücken muß das Trägermaterial aus Stahl gut gereinigt werden, am besten mit kleinen Handschleifmaschinen, die elektrisch oder mit Druckluft angetrieben werden. Auch hier soll der Körper im Schmiedefeuer oder mit einem Vorwärmbrenner auf Rotglut vorgewärmt und die Oberfläche mit dem reduzierend eingestellten Schweißbrenner auf teigigen Schmelzfluß gebracht werden. Sodann werden die Formstücke mit normalem Schweißdraht angeheftet. Die Zwischenräume zwischen den einzelnen Bohrstücken werden dann später mit einer Hartlegierung ausgefüllt. Das Material ist sehr dünnflüssig; sein Schmelzpunkt liegt in der Nähe dessen von Stahl, so daß sich eine gute Bindung und eine glatte Oberfläche ergibt.

Die erwähnten Bohrspitzen können regelmäßige oder unregelmäßige Formen haben (Abb. 97). Bohrformstücke sind in ihren Abmessungen nach DIN 5820 genormt und können aus Sinterhartmetall verschiedener Zusammensetzung oder aus Guß-Hartmetall bestehen. Unregelmäßige

Bohrstücke sind in verschiedenen Körnungen lieferbar und werden in Blechbüchsen mit Schraubdeckel geliefert (Abb. 98).

Unregelmäßige Bohrstücke werden für größere Werkzeuge wie Fischschwanzmeißel bei Erdöltiefbohrungen benutzt. Bohrspitzen in 6kant-Form werden in Hohlbohrkronen eingesetzt, die für Kernbohrungen verwendet werden. Auch diese Bohrspitzen können in Sinterhartmetall

Abb. 97. Bohrspitzen aus Gußhartmetall
(Werkfoto Wallram.)

Abb. 98. Grobkörnige Bohrstücke aus Guß-
hartmetall (Werkfoto Wallram).

oder Guß-Hartmetall geliefert werden. Sie werden durch Hartlötung mit Elektrolytkupfer oder Messing unter Verwendung von Borax als Flußmittel befestigt.

2. Kohlenhobelmeißel.

Ein wichtiges Anwendungsgebiet haben die Hartlegierungen zur Beschweißung der Meißel von Kohlenhobeln gefunden. Der Kohlenhobel ist ein neuartiges Gerät in der Gewinnung. Er ähnelt in der Arbeitsweise dem Hobel des Schreiners, nur bearbeitet er nicht eine waagerechte Fläche, sondern ist um 90° gedreht hochkant gestellt. Er wird dann an einer langen Kohlenfront durch starke Motoren mit Kettenzug hin- und hergezogen, wobei beide Seiten mit Meißeln besetzt sind, die eine 5···10 cm dicke Schicht von Kohle abschälen, oder besser gesagt abreißen. Die Abb. 99 zeigt einen solchen Kohlenhobel während der Arbeit. Das Gerät ist mit einem Doppelstegkettenförderer kombiniert, gegen den es sich abstützt. Die abgetrennte Kohle wird unmittelbar in den danebenlaufenden Förderer geschoben, so daß Gewinnungs- und Ladearbeit mechanisiert sind. Voraussetzung für die Anwendung dieser Maschine ist die stempelfreie Abbaufront. In der Abbildung ist zu erkennen, daß der Ausbau erst hinter dem Förderer eingebracht wird und daß das Hangende über Förderer und Hobel durch Vorbau-Kappen gesichert werden muß.

Kohlenhobel gibt es etwa vom Jahre 1940 ab. Ihre Konstruktion hat sich im Laufe der Zeit wesentlich verändert. Aus einer großen Anzahl von versuchten Formen sind einige wenige übriggeblieben, von denen in der folgenden Abbildung 99 der verbreitetste Hobel, nämlich der der Fa. Westfalia-Lünen, gezeigt ist. Er wird mit ziemlich großer Geschwindigkeit von 0,38 m/sec am Kohlenstoß entlanggezogen und heißt deswegen auch

Schnellhobel oder nach seinem Konstrukteur LÖBBE-Hobel. Die während des Ziehens auftretende Kraft in der Kette oder zwischen Meißeln und Kohle steigt bis auf 20 t an, so daß die Meißel außerordentlich stark beansprucht sind.

Die Meißel müssen also nicht nur große Kräfte, die außerdem schlagartig auftreten können, aushalten, sondern sollen auch gegen Verschleiß weitgehend unempfindlich sein. Sie werden deshalb mit einer Aufschweißlegierung belegt [90]. Die beiden Abb. 100 und 101 zeigen einige solcher Meißel, die je nach der Stelle, an der sie eingesetzt sind, verschiedene Formen haben. Abgebildet sind Bodenmeißel sowie First- und Stoßmeißel,

Abb. 99. Kohlenhobel im Einsatz (Werkfoto Westfalia).

bei denen man die Auftragsschweißung deutlich erkennt. Über die Formen der Meißel und ihren Einfluß auf die Arbeit des Kohlenhobels hat SCHRIEWER [91] berichtet.

Die Arbeitsweise des Kohlenhobels ist also derartig, daß der Hobel dauernd

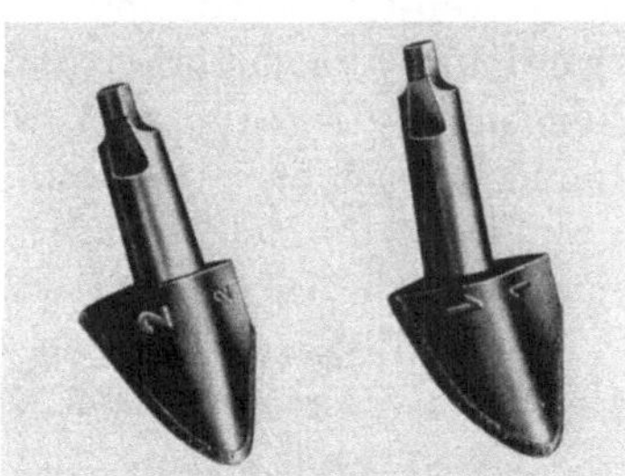

Abb. 100. Bodenmeißel zum Schnell-Hobel (Werkfoto Westfalia).

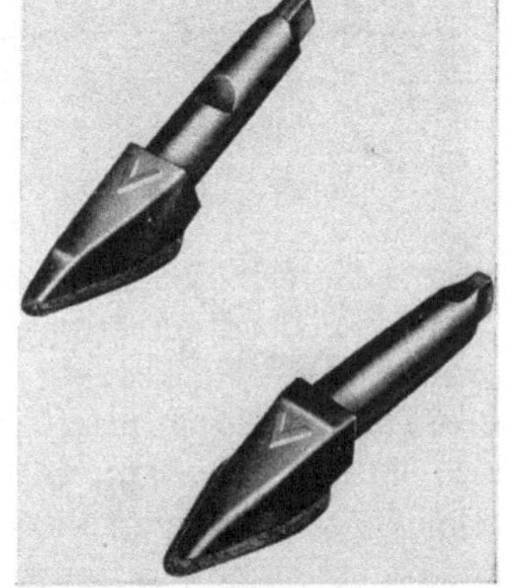

Abb. 101. Stoß- und Firstmeißel zum Schnell-Hobel (Werkfoto Westfalia).

hin- und hergezogen wird, so daß sich bei 5 cm Vorgabe und 1,25 m Abbaufortschritt 25 Züge pro Schicht errechnen. Bei Streblängen von etwa 200 m würde das theoretisch eine Hobellänge von 5000 m ergeben. In Wirklichkeit bricht mehr Kohle herein als der Vorgabe entspricht. Auch kann man die Vorgabe bei weicherer Kohle vergrößern, daß die Hobellänge pro Schicht sich in den meisten Fällen verkleinern wird.

Beobachtungen beim Hobeln in verschiedenen Kohlesorten ergeben Erfahrungszahlen über die Haltbarkeit der Meißelschneiden. In harter Kohle werden die Schneiden schneller stumpf als in weicher Kohle. Als Durchschnittswert kann man angeben, daß nach 1600 m Hobelweg die Meißel in harter Kohle stumpf sind und ausgewechselt werden müssen. Diese Zahl erhöht sich in weicher Kohle auf 5000 m und mehr. Daraus ergibt sich, daß man die Meißel zweckmäßig am Ende jeder Schicht auswechselt und neue geschärfte Meißel einsetzt. Es müssen also mehrere Sätze von Meißeln zu einer Kohlenhobelanlage vorhanden sein.

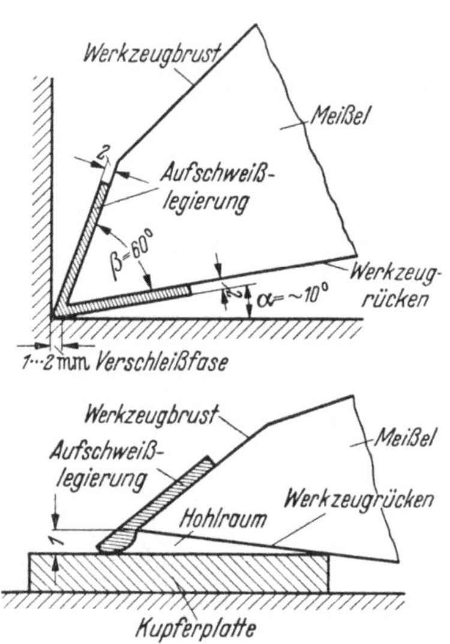

Abb. 102. Schema der Beschweißung eines Kohlenhobelmeißels.

Das Nachschärfen kann nicht durch Nachschleifen geschehen, sondern nur unter der Schweißflamme. In der Abb. 102 ist schematisch der Keilwinkel eines Meißels mit einer Auftragsschicht von 2 mm Dicke dargestellt. Die Meißel sollen nachgeschärft werden, wenn wie in der Zeichnung angedeutet, auf dem Werkzeugrücken eine Verschleißfase von etwa 2 mm Breite entstanden ist. Das Wieder-Aufschweißen verschlissener Meißel kann in eigener Werkstatt der Zeche durchgeführt werden. Zur Erleichterung dieser Arbeit sind vom Herstellerwerk sämtliche Meißel mit dem gleichbleibenden Keilwinkel von 60° versehen worden. Werkzeugbrust und Werkzeugrücken erhalten eine Aufschweißung mit Hartlegierungen Verdur oder Triamant. Bei der Auftragsschweißung hat es sich als zweckmäßig erwiesen, zuerst die Werkzeugbrust zu belegen, wobei die Meißelkante um 1 mm hohl auf eine Kupferplatte zu legen ist. Die Abb. 102 zeigt dieses Verfahren. Es läßt sich dann die Schicht auf dem Werkzeugrücken besser anschließen und die Schneide mit der Schweißflamme messerscharf ausziehen. Die Hersteller von Aufschweißlegierungen sind bereit, Zechenschweißer in der Behandlung und Reparatur von Kohlenhobelmeißeln zu unterweisen. Kohlenhobelmesser können mehrfach, und zwar 5···10 mal, beschweißt werden, so daß sich eine verhältnismäßig große Lebensdauer ergibt.

3. Rollenmeißel für Großlochbohrungen.

Zwar ist es mit Hilfe von Sinterhartmetallen gelungen, Großlochbohrungen mit Drehbohrmaschinen durchzuführen. Das Verfahren erfordert aber sehr starken Andruck, wenn es sich um härtere Gesteine handelt und führt zu einem schnelleren Verschleiß der Meißel. Infolgedessen ergeben sich hohe Kosten pro Meter Bohrloch. Diese mußten getragen werden, solange kein anderes Verfahren zur Verfügung stand. In neuerer Zeit sind nun auch für bergmännische Zwecke Rollenbohrer auf den Plan getreten, die schon seit langem in der Erdöltiefbohrindustrie bekannt sind.

Auch bei Tiefbohrungen von Erdöl wurde zunächst rein drehend mit Fischschwanzmeißeln gearbeitet, wobei sich der notwendige starke Andruck durch das große Gewicht des langen Bohrgestänges ergab. Beim Drehbohren härterer Gesteine hat sich dann der Kegelrollenbohrer bewährt, der in der Abb. 103 gezeigt wird. Wenn auch mit Hilfe eines rohrartigen Gestänges dieser Bohrer unter starkem Andruck gedreht wird, so rollen doch die kegelförmigen Räder auf der Bohrlochsohle ab und gleiten nicht seitlich über das Gestein. Die Zacken der Kegelrollen, die keilförmig ausgebildet sind, dringen dabei unter der starken Anpreßkraft in das Gestein ein und erzielen so eine Wirkung, die der des schlagenden Bohrens ziemlich ähnlich ist. Da die Zähne der Rollen verhältnismäßig spitze Keilwinkel haben, verbietet sich die Anwendung von Sinterhartmetallen von selbst, weil die Platten zu weit freistehen müßten und durch Bruch gefährdet wären. Es kommt hinzu, daß sehr viel Sinterhartmetall eingelötet werden müßte. Es ist daher günstig,

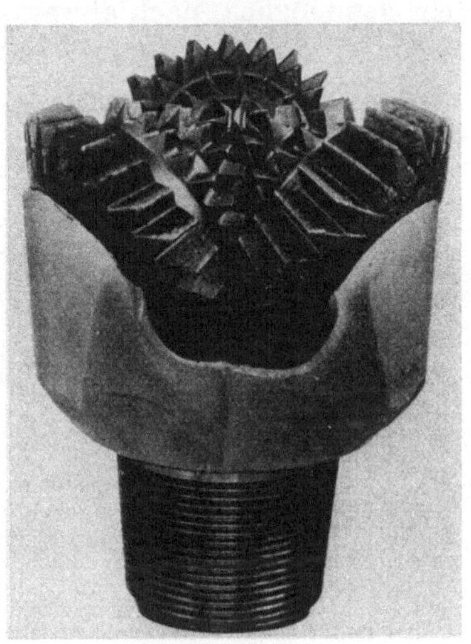

Abb. 103. Kegelrollenbohrer für hartes Gestein (Werkfoto Söding & Halbach).

für diesen Zweck solche Aufschweißlegierungen zu verwenden, die Gußhartmetall-Körner in Stahleinbettung enthalten. Danach ist es auch möglich, verschlissene Rollenbohrer wieder aufzuschweißen und neu verwendungsfähig zu machen.

Sollen derartige Kegelrollenmeißel in verschiedenen Gesteinen verwendet werden, so braucht man genau so wie beim schlagenden Bohren auch verschiedene Keilwinkel. In weicheren Gesteinen kann auch der Abstand der einzelnen Schneiden voneinander größer sein. Zur Erläuterung sind zwei Rollenmeißel in der Draufsicht in der Abb. 104 gezeigt. Im linken Teil des Bildes ist eine Schneide für weiche Formationen dargestellt wie Schiefer, Gips und Kalkstein. Die rechts abgebildete Krone ist für sehr harte Gesteine wie harter Sandstein, Quarzit und Granit gedacht. Die in der bereits vorher erwähnten Abb. 103 gezeigte Ausführung ist für mittelharte Gesteine wie harter Sandstein und Dolomit vorgesehen.

Vor der Neueinführung von Rollenbohrern läßt man sich zweckmäßig von
der Herstellerfirma beraten, die große Erfahrungen besitzt. Die Anwendung derartiger Rollenbohrer im Bergbau ist erst jüngeren Datums. Seit
1954 sind diese Bohrer ausprobiert worden und haben günstige Anfangserfolge gezeigt [92]. Wegen der Form dieser Bohrer ist ihre Anwendung
auf größere Bohrlochdurchmesser beschränkt. Da diese Bohrer aus der Erd-
ölindustrie kommen, haben sie die dort üblichen Durchmesser. Der kleinste
z. Zt. hergestellte Bohrer dieser Art hat einen Durchmesser von 143 mm.
Da man nicht wie beim Erdöltiefbohren mit einer Dickspülung arbeiten
kann, die das gelöste Bohrklein aus dem Bohrloch entfernt, ist es auch
nicht gut möglich, nach abwärts zu bohren. Die bisher durchgeführten
Bohrungen sind deswegen alle so angesetzt, daß zumindest das erste Bohr-

Abb. 104. Kegelrollenmeißel für verschiedene Gesteine (Werkfoto Söding & Halbach).

loch mit dem kleinsten Durchmesser senkrecht von unten nach oben gebohrt wurde. Damit ist die Entfernung des Bohrkleins einfacher, weil es
von selbst herunterfällt. Trotzdem muß mit starker Wasserspülung gearbeitet werden, um das Bohrklein von der Bohrlochsohle wegzuschwem-
men und die Bohrer zu kühlen.

In den meisten Fällen muß man mit dem Bohrloch an einer vorbe-
stimmten Stelle, z. B. in einer Strecke, auskommen. Solche Bohrungen
nennt man dann Zielbohrungen, und es ist nicht einfach, die genaue Richtung des Bohrloches zu treffen. Bei den ersten Versuchen hat es sich bewährt, die Bohrmaschinen auf einen einzementierten Rahmen zu setzen,
um so die Einhaltung des richtigen Winkels zu gewährleisten. Auch muß
man dafür sorgen, daß die Bohrkrone im Loch nicht die vorbestimmte
Richtung verläßt. Dazu können Führungsstücke dienen, die hinter der
Bohrkrone in das Gestänge eingesetzt werden und Führungsleisten haben
mit einem Durchmesser, der dem Lochdurchmesser entspricht, damit das
Gestänge auf einer größeren Länge starr ist und das Ausweichen verhin-

dert. Die äußeren Flächen dieser Rippen, die beim Drehen dauernd an der Lochwand reiben, sollen aber ihren Durchmesser behalten und werden deswegen ebenfalls mit einer Aufschweißhartlegierung belegt. Ist man mit der Zielbohrung richtig ausgekommen, so kann man am oberen Ende des ersten Bohrloches einen Erweiterungsbohrer auf das Gestänge setzen und jetzt von oben nach unten bohren. Der Erweiterungsbohrer kann dann von oben nach unten gezogen werden, wobei die Abfuhr des Bohrkleins unter Verwendung reichlicher Spülung durch das bereits vorgebohrte Loch möglich ist. Der Erweiterungsbohrer ist so geformt, daß die Rollen außen angebracht sind und einen Kreisring des Gesteins zerspanen, während in der Mitte ein Gewindezapfen für die Befestigung des Gestänges angeordnet ist. Die Gewindezapfen sind sowohl zur Befestigung des Vorbohrers wie auch für die Erweiterungsbohrer konisch ausgeführt und mit den genormten amerikanischen Gewinden versehen, wie sie beim Erdöltiefbohren üblich sind.

TRÖSKEN [*93*] berichtet in ausführlicher Weise über die ersten Versuche mit diesem Bohrverfahren, wobei es gelungen ist, durch mehrfaches Erweitern Löcher bis zu 800 mm $\varnothing$ herzustellen. Ein besonders interessanter Anwendungsfall einer solchen Großlochbohrung hat dazu geführt, daß 3 durch Zubruchgehen eines Blindschachtes eingeschlossenen Bergleuten das Leben gerettet werden konnte. Man hat in wenigen Tagen unter Verwendung von Rollenbohrern ein 42 m tiefes Bohrloch von 406 mm $\varnothing$ gebohrt, durch das eine Rettungsglocke gezogen wurde, in die die Arbeiter wie in einen Fahrstuhl einsteigen konnten.

Die Haltbarkeit der mit Aufschweißlegierungen versehenen Rollenmeißel ist sehr unterschiedlich. Sie ist in starkem Maße von dem Anteil an Sandstein in den zu durchbohrenden Schichten abhängig. Während Tonschiefer, Schiefer und Sandschiefer wenig Verschleiß hervorrufen, steigt dieser beim Durchörtern von Sandstein stark an. Trotzdem ist es gelungen, die Bohrungen bis zu 124 m Höhe mit einer Schärfung der Rollenmeißel durchzuführen. Das ist im Vergleich zu dem rein drehenden Bohren außerordentlich viel und beeinflußt die Wirtschaftlichkeit in sehr günstiger Weise. TRÖSKEN nennt in der erwähnten Arbeit auch die Gesamtkosten je m für verschiedene Beispiele. Es kommt hinzu, daß mit dem neuen Verfahren die Bohrzeiten sich wesentlich verkürzen lassen. Auch die Rollenmeißel können durch Neubelegen mit Aufschweißlegierungen repariert und wieder verwendungsfähig gemacht werden. Sie finden ihr Ende meist durch Verschleiß der Lager für die 3 Rollen, die außerordentlich hoch beansprucht sind. Es wird nicht ausbleiben, daß das neue Verfahren auch einmal Mißerfolge bringt, doch sind die Anfangsergebnisse so gut, daß man den für den Bergbau neuen Werkzeugen besondere Beachtung schenken sollte.

Literaturverzeichnis.

[1] KIEFFER u. HOTOP: Pulvermetallurgie und Sinterwerkstoffe. Berlin: Springer 1943.

[2] DAWIHL u. DINGLINGER: Handbuch der Hartmetallwerkzeuge. Berlin/Göttingen/Heidelberg: Springer 1953.

[3] ODENHAUSEN: Hartmetall im Bergbau. Glückauf Heft 1/2, 1954.

[4] RAUSCHENBACH: Mechanisches Auffahren von Strecken. Glückauf-Sonderheft 1950.

[5] ZEPPERNICK: Entwicklungsrichtung des schlagenden Bohrens mit Hartmetall im Ruhrkohlenbergbau. Glückauf v. 21. 5. 49.

[6] RAUSCHENBACH: Stand und wirtschaftliche Bedeutung der Mechanisierung von Gesteins- und Flözstrecken. Glückauf 1954, Heft 37/38.

[7] HINNÜBER: Wissenswertes vom schlagenden Bohren mit Hartmetall. Glückauf 1951, Heft 1/2.

[8] BEUTEL: Löten und Warmbehandlung von Hartmetallwerkzeugen. Werkstatt und Betrieb 1952, Heft 10.

[9] MÜLLER, W.: Haltbarkeit von Bohrstangen und Senkung der Bohrgezähekosten. Schlägel und Eisen 1952, Heft 4.

[10] STEINER: Hartmetall-Gesteinsbohrgeräte. Berg- und Hüttenmännische Monatshefte 1950, Heft 11.

[11] GROEDEL: Experimentelle und theoretische Untersuchungen an Preßlufthämmern. VDI-Forschungsheft Nr. 156/157.

[12] HOFFMANN, C.: Lehrbuch der Bergwerksmaschinen 5. Aufl., Abschnitte Bohrhämmer und Meßkunde. Berlin/Göttingen/Heidelberg: Springer 1956.

[13] MÜLLER, O.: Das schlagende Bohren beim Auffahren von Gesteinsstrecken im Ruhrkohlenbergbau. Glückauf-Sonderheft 1950 (daselbst viele weitere Literaturangaben).

[14] DORSTEWITZ: Gesichtspunkte für die zweckmäßige Durchführung der bergmännischen Bohrarbeit. Glückauf 1954, Heft 37/38.

[15] HINRICHS: Gesteinsbohrmaschinen und Druckluftwerkzeuge auf der Bergbau-Ausstellung in Essen 1954. Schlägel und Eisen 1955, Heft 4.

[16] MÜLLER, O.: Der gegenwärtige Stand des schlagenden Bohrens. Glückauf 1949, Heft 49/50.

[17] POHL: Die Schleifwerkstatt, das Herz eines Hartmetall-Bohrbetriebes. Bergbau 1950, Heft 4.

[18] VOSS: Maßnahmen zur Erzielung höherer Wirtschaftlichkeit beim Bohren mit Hartmetall-Schlagbohrern. Bergbau 1952, Heft 12.

[19] HINRICHS: Anwendungen von Sinterhartmetall in der Gesteinsbohrtechnik untertage. Technische Mitteilungen (Sonderheft Hartmetall) 1954, Heft 5. Essen: Vulkanverlag.

[20] SCHWAGER: Erfahrungen mit dem mechanischen Schleifen und Läppen von Schlagbohrkronen, Drehbohrschneiden und Schrämmeißeln mit Hartmetall-Besatz. Bergbau 1952, Heft 8.

[21] KALPERS: Wirtschaftliches Nachschärfen Hartmetall-bestückter Bergbauwerkzeuge. Schlägel und Eisen 1951, Heft 12.

[22] LEIBOLD: Die Einsatzkontrolle der Hartmetall-Schlagbohrer auf der Schachtanlage Graf Schwerin. Glückauf 1943, Heft 51/52.

[23] POHL: Das Bohren mit Hartmetall im Grubenbetrieb Stein V. Erzmetall 1949, Heft 3.

[24] HYMMEN: Das Bohren mit Hartmetall-Kronen im Betrieb. Bergbau 1950, Heft 4.

[25] DORSTEWITZ: Stand und Aufgaben der Gesteinsbohrtechnik unter besonderer Berücksichtigung des schlagenden Bohrens. Erzmetall 1950, Heft 11.

[26] MÜLLER, E.: Erfahrungen mit Hartmetall-Schlagbohrern. Glückauf v. 4. 10. 1941.

[27] KRIPPNER u. SCHRÖDER: Erfahrungen mit Hartmetall-Schlagbohrern auf einer Siegerländer Eisenerzgrube. Metall und Erz v. 1. 6. 1942.

[28] FRITZSCHE: Gesichtspunkte für Rationalisierungsmaßnahmen im Erzbergbau. Metall und Erz, 1. Dez.-Heft 1942.

[29] BENTHAUS: Neuzeitliche Gestaltung des Gesteinsstreckenvortriebs. Archiv für bergbauliche Forschung 1943, Heft II.

[30] DOHMEN: Grenze der Wirtschaftlichkeit der Verwendung von Hartmetall beim schlagenden Bohren. Glückauf-Sonderheft ,,Das Auffahren von Gesteinsstrecken", 1949.

[31] JESCHKE: Entwicklung und Stand des Gesteinsbohrens mit Hartmetall-Schneiden in Schweden. Glückauf 1950, Heft 5/6.

[32] JAHN: Erfahrungen beim schlagenden Bohren mit Hartmetall-Bohrwerkzeugen auf Ruhrzechen. Glückauf-Sonderheft ,,Mechanisches Auffahren von Strecken", 1950.

[33] HERBST u. JESCHKE: Beobachtungen beim Hartmetall-Bohren unter Verwendung von Bohrhämmern verschiedener Schlagstärke. Metall und Erz 1944, Heft 19 bis 24.

[34] JESCHKE: Über die Zusammensetzung der Kosten beim schlagenden-Gesteinsbohren. Erzmetall 1950, Heft 12.

[35] MÜLLER, O.: Schlagendes Bohren mit Hartmetall-Schneiden. Techn. Mitteilungen Krupp 1942, Heft 1 (April).

[36] WOLANSKY: Zur Frage der Härteprüfung der Karbon-Gesteine nach dem Rückprallverfahren. Glückauf 1949, Heft 1/2.

[37] SIEWERS: Die Bestimmung des Bohrwiderstandes von Gesteinen. Glückauf 1950, Heft 37/38.

[38] ZEPPERNICK: Verbesserung der Bohr- und Schießarbeit beim Gesteinsstreckenvortrieb. Schlägel und Eisen 1950, Heft 6.

[39] SIEWERS: Vergleichsversuche mit Kreuz- und Meißelschneiden. Metall und Erz 1944, Heft 19···24.

[40] HERBST: Gesteinsbohren mit Stahl- und Hartmetall-Schneiden in den Ramsbecker Gruben der Stolberger Zink-AG. Metall und Erz v. 2. 8. 1942.

[41] MÜLLER, W.: Gesteinsstreckenvortriebe mit hohen Auffahrleistungen. Glückauf 1954, Heft 37/38, sowie in Glückauf-Sonderheft 1954 ,,Aus- und Vorrichtung mit Maschinen".

[42] BORSCHEL u. O. MÜLLER: Hartmetall im Bergbau und sein Einfluß auf Leistung und Wirtschaftlichkeit. Glückauf 1951, Heft 43/44.

[43] SCHÜLLER: Über die Form von Steinkohle-Drehbohrschneiden und ihre Besetzung mit Widia-Metall. Kohle und Erz 1930, Heft 21.

[44] PASSMANN: Neue Säulendrehbohrmaschine in Verbindung mit Elmo-Hartschneiden. Kali 1930, S. 121.

[45] BESIGK u. KÜHNE: Beitrag zur Kenntnis der Arbeitsweise von Gesteinsbohrern unter besonderer Berücksichtigung spanabhebender Bohrer. Öl und Kohle 1940/41.

[46] FETTWEIS: Gesetzmäßigkeiten beim drehenden Bohren. Glückauf 1951, S. 648.

[47] MEUTSCH: Widia im Bergbau. Bergbau 1931, S. 452.

[48] DRESNER: Über die Abhängigkeit der untertägigen Drehbohrarbeit in Steinkohlengruben von den wichtigsten, beim praktischen Betrieb auftretenden Einflüssen. Dissertation T.H. Berlin, 1933.

[49] DRESNER: Untersuchungen im Drehbohrbetriebe einer oberschlesischen Steinkohlengrube. Glückauf 1934, S. 821.

[50] FRIES: Leistungsversuche an einer Kohlendrehbohrmaschine. Glückauf 1935, S. 885.

[51] BORSCHEL: Über den Einsatz des Kohle-Hohlbohrers Emscher-Lippe. Bergbau-Rundschau 1950, S. 372.

[52] MÜLLER, O.: Hydraulisches Kohlensprenggerät. Glückauf 1949, S. 909.

[53] WASSERMANN: Erfahrungen mit dem Kohlensprenger. Glückauf 1942, S. 273.

[54] ODENHAUSEN: Vollmechanischer Abbau zutage tretender Flöze in USA. Bergbau 1953, S. 22.

[55] REPETZKI: Vollmechanischer ferngelenkter Kohlenabbau. Glückauf 1953, S. 1003.

[56] ZIRKLER: Beitrag zur Frage der Verwendung leistungsfähiger elektrischer Säulendrehbohrmaschinen und Bohrwerkzeuge. Dissertation T. H. Berlin 1937.

[57] PASSMANN: Verbesserungen an der SSW-Säulendrehbohrmaschine. Kali 1935, S. 115.

[58] WINTER: Untersuchungen zur Steigerung der Bohrleistungen im Kalibergbau. Kali 1934, Heft 1 und Fortsetzungen.

[59] MÜLLER, O., u. WÖHLBIER: Über die Eignung von Widia-Schneiden beim Bohren im festen Gestein. Kruppsche Monatshefte 1932, S. 89; Kohle und Erz 1932, S. 195 und 1933, S. 103.

[60] HOEVELS u. ROLSHOVEN: Betriebsversuche mit Ankerausbau auf dem Steinkohlenbergwerk Consolidation unter Berücksichtigung amerikanischer Erfahrungen. Glückauf 1951, S. 281.

[61] MÜLLER, O.: Sicherung des Hangenden durch Ankerbolzen. Glückauf 1951, S. 256.

[62] SCHULZ: Möglichkeiten und Grenzen des drehenden Bohrens im Karbon-Gestein. Glückauf 1950, S. 784.

[63] SCHULZ u. TRÖSKEN: Über Versuche zur drehenden Herstellung von Sprengbohrlöchern. Glückauf 1949, S. 107.

[64] MIDDENDORF: Das drehende Bohren von Sprengbohrlöchern im Gesteinsstreckenvortrieb. Glückauf-Sonderheft 1949 „Das Auffahren von Gesteinsstrecken".

[65] MIDDENDORF u. SCHULZ: Das drehende Bohren von Sprengbohrlöchern im Gesteinsstreckenvortrieb. Glückauf-Sonderheft 1950 „Mechanisches Auffahren von Strecken".

[66] HOHENSTEIN: Untersuchungen über Leistung und Kosten des drehenden Bohrens von Sprengbohrlöchern. Glückauf 1952, S. 827.

[67] MÜLLER, O.: Handhabung und Behandlung von Hartmetallwerkzeugen für schlagendes und drehendes Bohren und von Bohrstangen. Glückauf 1954, Heft 37/38.

[68] SCHLÜTER: Drehendes Bohren von Sprenglöchern in den Gesteinsbetrieben der Schachtanlage „Haus Aden". Glückauf 1951, S. 600.

[69] FRITZSCHE: Gesteinsbohren auf Grube „Maubacher Bleiberg". Erzmetall 1949, S. 299.

[70] RAUER: Aus der Tätigkeit der Ausschüsse beim Steinkohlenbergbauverein. Glückauf 1954, S. 167.

[71] JAHN: Das Drehschlagbohren. Glückauf 1954, Heft 37/38.

[72] VOSS: Der gegenwärtige Entwicklungsstand des Dreh-Schlag-Bohrens. Bergbau 1953, S. 167.

[73] HINRICHS: Schlagendes und drehendes Gesteinsbohren auf der Kohlenbergbau-Ausstellung Essen 1950. Schlägel und Eisen 1951, Heft 1.

[74] VOSS: Kritische Untersuchungen und Betrachtungen über das Dreh-Schlag-Bohren. Bergfreiheit 1954, Heft 10.

[75] DORSTEWITZ: Betrachtungen über das schlagende und dreh-schlagende Bohren im Blickfeld des Andrucks. Bergfreiheit 1955, Heft 5.

[76] WEDDIGE u. BOSTEN: Künstliche Ausgasung eines Abbaufeldes und Nutzbarmachung des Methans für die Gasversorgung. Glückauf 1944, S. 241.

[77] SCHULZ u. TRÖSKEN: Die Entwicklung des drehenden Bohrens im Dienste der Grubengasforschung. Glückauf 1948, S. 375.

[78] TRÖSKEN: Das Herstellen großer Bohrlöcher durch drehendes Bohren. Glückauf 1951, S. 145.

[79] BARTH: Untersuchungen zur Ermittlung der erforderlichen Maschinenleistung und der Beanspruchung des Gerätes beim drehenden Bohren großer Bohrlöcher in Karbon-Gesteinen. Glückauf 1951, S. 53.

[80] STEINER: Großlochbohren beim Auffahren von Gesteinsstrecken. Glückauf 1952, S. 987.

[81] PELZER: Die Entwicklung und Verbreitung von Gewinnungs- und Lademaschinen im Ausland. Glückauf 1954, S. 493.

[82] STROEDTER: Fortschritte in der Mechanisierung der Gewinnung und Förderung untertage. Technische Mitteilungen 1953, S. 340.

[83] SCHLIEPER u. MENKE: Selbstkosten und Wirtschaftlichkeit der maschinenmäßigen Schrämarbeit im Ruhrbergbau. Glückauf 1933, S. 981.

[84] MENKE: Versuche und Erfahrungen mit Widia-Schrämmeißeln. Glückauf 1932, S. 337.

[85] WILDE: Der Einsatz von Schrämmaschinen. Glückauf 1941, S. 5.

[86] FRITZSCHE u. BORSCHEL: Mehr schrämen! Glückauf 1951, S. 1.

[87] VOGEL: Ermittlung der Wirtschaftlichkeitsgrenzen von Schrämmaschinen mit Hilfe von Arbeitszeitstudien. Glückauf 1941, S. 1.

[88] HAARMANN: Die Mechanisierung untertage im amerikanischen Kohlenbergbau im Vergleich zu den Erfolgen und Bestrebungen des Ruhrbergbaus. Glückauf 1950, S. 760.

[89] HINNÜBER: Über den Einsatz von Hartmetall in der Tiefbohrtechnik. Öl und Kohle, Heft 15, 1942.

[90] MÜLLER, O.: Werkzeuge für die Gewinnung von Kohle, Kali und Erdöl. Technische Mitteilungen 1954, Heft 5.

[91] SCHRIEVER: Über den Einfluß der Hobelmeißel auf die Arbeit des Kohlenhobels. Glückauf 1954, Heft 27/28.

[92] TRÖSKEN: Der Stand des drehenden Großlochbohrens im Ruhrbergbau untertage. Glückauf 1954, Heft 37/38.

[93] TRÖSKEN: Erfahrungen mit Rollenmeißeln beim Großlochbohren im Ruhrbergbau untertage. Glückauf 1955, Heft 17/18.